- 台北市柳鄉社區都市更新計畫是我當時在麻省理工學院碩士論文的研究案例，也是國內第一個依都市計畫法辦理更新的案例。

- 淡水河畔大龍峒地區的大橋段是我大學時建築畢業設計，在三十五年後的今天，都更才正要開始。

都市更新若有釘子戶將造成困擾，影響都更時程。

文山區合發社區於九二一地震後嚴重損毀，原本所有權利人全數同意事業計畫，可惜後來因內部意見分歧而中止重建計畫。

都市更新照片集

● 即將推動進行都更的我的木柵第一屋。

● 都更後的大同世界第一、二期，建築外觀宏偉整齊。

● 文山區國泰御園原本是九二一受損建物，經都更後成為唯一一個由原建商獨立辦理重建的案例，當時還創下文山區區域行情的新高。

● 都更後的中山區雙橡園不但環境優美，住宅品質也跟著提升。

● 都更後大稻埕老舊地區新舊建築並存。

張金鶚的都市更新九堂課

張金鶚　著

自序

都市更新，大家一起來關心

台灣都市的環境雜亂、老舊，欠缺公園綠地及舒適人行步道等公共空間，住宅居住品質不但不理想，房價又貴得嚇人。生活在都市的人應該都感受得到，台灣的居住生活品質仍有相當大的改善空間。身爲都市環境與房地產建築的專業教育者，我始終自覺有著一份不可推卸的責任，尤其看到歐美先進國家乃至鄰近的日本，在都市與住宅環境上的努力成果，更深覺我們還需要更多的學習與資源投入，努力迎頭趕上。

「都市更新」結合了個人住宅生活單元，個案社區環境品質，乃至都市鄰里公共環境一起進行脫胎換骨的整體改善工作，是具有非常重大的意義價值。可惜近來國內都市更新在如火如荼的推動過程中，尤其在房價上漲與投資投機的推波助瀾下，使得其本質被扭曲了。在業者、政府及地主的相互推擠下，都市更新中的許多觀念成爲「利益」的代名詞。在不用出錢即可獲利及彼此利益擺不平的渲染情況下，都市更新背後有許多更重要的意義與價值被忽略了！其中包括住戶生活環境的改善、住戶鄰居間的共同參與環境改善與社區意識，以及都市鄰里環境公共利益的發揮等價值均被低估，以至都市更新只在金錢利益的算計中起伏延宕，成果至今仍令人非常不滿意！

本人長期在國內大學與國外研究所學習，到學校教學研究，乃至實際參與審議相關都市更新案例的長期經驗中，深感一般人對都市更新欠缺了解，甚至形成錯誤觀念。因此，在適逢自己第一屋都市更新的實際運作下，決定撰寫本書，希望能夠提供社會大眾完整的都市更新觀念與做法，加速都市更新的正面推動，並避免負面衝突。

本書的內容共分成九堂課，延續上一本房產七堂課的布局，最開始從都市更新觀念迷思的破除（第一課）談起，再進一步提出都市更新的基本認識（第二課）；然後從都更住戶的角度思考，釐清是否自身需要都市更新（第三課），如果決定要都市更新，應如何開始進行（第四課）；接下來分別探討都更住戶如何整合（第五課）與實施者如何選擇（第六課）兩個都更關鍵角色的認識與掌握；再進一步提出都市更新的兩個重要基本內涵，一是都市更新的建築環境規畫（第七課），二是財務規畫與權利變換（第八課）；最後提出如何執行並結束完成都市更新工作（第九課）。

個人深感都市更新的專業與複雜，使得一般人不容易輕鬆了解並掌握其關鍵與眉角，因此本書的撰寫著重於讓一般人產生興趣，容易閱讀。本書鋪陳，是以都更住戶為本，設定各種都更情境，以深入淺出方式，說明都市更新的案例過程與角色運作關係，避免用傳統法令與艱澀的專業術語，期能達到完整引導讀者認識都市更新的想法。

都市更新的學習不只是實務操作，也有觀念知識；都市更新的掌握不只在財務利益的計算，更是生活環境與社區意識的提升；都市更新的世界不應形成「以小吃大」的釘子戶，或是「以大吃小」的都更暴力等對立局面。如何創造更多都更非營利專業組織的協商平台與信任機制，或許是我們未來可以努力的方向。

本書經過一年來的努力，終於得以出版，首先要感謝周佳音小姐，她全力提供許多都市更新專業的內容與實務經驗，沒有她的協助，本書不可能如此豐富。其次要感謝廖翊君小姐的觀念整理與文字協助，她將都市更新的艱澀與複雜，轉換成淺顯易讀的字句。另外，要感謝我木柵第一屋都市更新的推動者黃雅盈小姐，她的努力促使我想要撰寫此書。當然，我還要感謝木柵都更社區的鄰居住戶與代理實施者L營造公司提供了寶貴的經驗。最後，也要特別感謝許多產官界的好友，包括何芳子小姐、林崇傑處長、簡瑟芳正工程司、簡伯殷總經理、陳美珍總經理、陳玉霖理事長、簡俊卿建築師、李建興經理、梁美玉經理、張文泰科長與楊露芬副科長等人的專訪對談，提供許多都市更新的實務經驗與多方看法，使本書內容更加充實。當然本書如有任何錯誤或不當，均應由本人負責。

最後，我要將本書獻給長期從事都市更新的工作者，過去、現在與未來都市更新的住戶，以及所有關注都市更新議題的讀者，願我們共同爲台灣的都市更新盡一份心力！

CONTENTS

第二課

都更要知道的六大權益

第三課

都更的意願，這樣確定

CONTENTS

第六課

都更實施者，誰來主導大不同

第七課

建築規畫，讓都更價值提升

CONTENTS

楔子
從研究都更到親身參與都更

《張金鶚的房產七堂課》出版之後，每每遇到親朋好友、學生時，都不免被問一句：「接下來，要寫哪一本書呢？」

答案是「都市更新」。

或許，讀者朋友們會詫異：張金鶚與都市更新有什麼關係？說起來，我與都市更新的淵源頗深。

故事，要從我的大學時代說起。

畢業設計，開展都更思想

大學時，我就讀於中原建築系，對於建築設計也有一定的喜愛。畢業前，教授要求學生必須繳交一份畢業設計，才能正式畢業。

當時，我和好友顏堯山一起在校外農舍租屋，兩人也一起進行畢業設計，並以台北大橋淡水河畔大龍峒地區的「大橋段」作爲目標，進行都更設計。

那個年代，大龍峒可說是非常老舊、紊亂的社區，街道巷弄非常多，舊建築物也多。學建築的我們，對於老舊建物多半有一份情感，總覺得不一定得全數鏟除，換上西方味濃厚的大樓才叫都更。

我和好友反覆思考著：「有什麼方式可以將既有的歷史味道保存下來，又能讓社區進行一定的更新？」

在國外，沿河地段的建築物，處處皆景觀，反觀大龍峒卻不是如此。我們兩人經過了數十次的思考、推演，以「建築物與河川的關係」爲主軸，最後設計出「沿河的建物最高，離河越遠，建物的高度也遞減」的建築風景，並且在每一個建築物之間以庭院做爲連接。

至於巷弄內充滿古意的街道，也採取保留的方式，期待讓大橋段這一個區段，在保留原歷史風貌之餘，注入新的景觀建築物。

經過將近一年的紙上推演，在畢業前夕，我和他整整三天三夜未眠，將紙上圖型立體化，終於完成了理想中的「大橋段都市更新」模型，並且得到了很多掌聲。

這一份畢業設計，開啓了我對都市更新的第一步，也讓我對於老舊建築物有了一份不同於以往的感情。

有一天，在「得意於作品大受好評」之餘，一個聲音突然在心底響起：「如果真的按照這份設計圖來執行，原本的居民要住哪裡？」當時我年紀尚輕，對於這個問題找不出解答，但「都市更新與原住戶之間的關係」卻已烙印在我的心中，我相信隨著經驗的增長，這個問題終究可以找到解答。

出國深造，感受不一樣的都市文化

常聽人說，進了大學就可以「由你玩四年」。大學不像研究所，不需要繳交論文，從學生的心態上來看，的確比較輕鬆。不過……

「張金鶚，你好像很忙，到底都在忙什麼？」有一天，一位同學忍不住問我。不知從哪一天開始，我發現台灣的廟宇建築別具特色，十分吸引我。只要有空，我就會背著相機展開拍廟之旅，從北到南、從東到西，全台灣的大小廟宇，幾乎都是我鏡頭下的主角。

大學畢業後一年，我開始申請出國留學，除了繳交平日在大學時的作品外，突然想起我的廟宇之旅。於是，我將台灣廟宇的建築特色、廟宇與環境空間、與人的關係做成一份論文，並寄給心目中的理想學校，更順利申請到麻省理工學院、美國加州大學柏克萊分校。對於托福分數不佳的我而言，這份當初只是為了興趣而進行的廟宇建築論文，可說幫了我極大的忙。

第一次出國的我，接觸到異國不同的語言、文化，當地環境與建築物的關係，沿河精緻卻不突兀的建築、麻省理工學院的學習環境、人文薈萃的波士頓……映入眼簾的每一幕，都帶給我無限的衝擊。

麻省理工學院是一所十分強調與在地結合、親人親地的學校，課堂上的討論與實驗，都以該校所在地波士頓、康橋爲主。但在學校的第一堂課，卻給了我一記大大的震撼彈。

還記得這堂課是「環境設計」。教授一上台就問大家：「什麼是好的環境？」台下的同學們紛紛提出見解。下課前，教授建議大家去看看「昆西市場」（Quincy Market）。

「昆西市場？」在波士頓人生地不熟的我，爲了了解教授眼中的「好環境」，只好發揮問的本能，在假日時搭了地鐵，終於來到了昆西市場。

昆西市場爲傳統港邊漁市場改建的觀光建物，在當地是很成功的都市更新典範。多次來到這個地方，我總是拿著小本子和筆，坐在附近畫下當地的種種，實際感受環境與人、建物的關係。

在研究所，論文是能否畢業的關鍵，而我主攻的系所，又是由都市計畫系與建築系合辦的研究所課程（系上凱文．林區〔Kevin Lynch〕教授的「都市意象」〔Image of City），在學界十分有名），加上麻省理工學院的在地思想，畢業論文的選題，對我這個外國學生來說，實在是一大挑戰。其中，我所選修的「開發中國家住宅問題」課程，是由人類學家麗莎．佩蒂（Lisa Peattie）教授所講授，她給了我不同角度的思考方向。

令我印象深刻的是，這位教授每堂課都會丟出兩個問題，並開出書單，要同學將答案寫在作業中。幾週後，她突然當著同學的面宣讀我的作業，並讚賞寫得很好，然後對大家說：「你們都習慣在我開的書單中找尋問題的答案，這些書我早就看過了，不需要再看你們的答案。」其實我的作業之所以突出，是因爲我的英文不夠好，而教授所開的書單又太多，根本看不完，所以只好選擇當中重要的部分，並與台灣經驗及個人想法做連結。

因爲教授的讚美，讓我的論文題目有了線索——要以台灣爲主。在多方打聽下，我得知萬華柳鄉正在進行都更，並毛遂自薦寫了一封信給當時的台北市都市計畫處林將財處長，希望暑假時可以參與協助柳鄉都更，並得到了同意。於是那年暑假，我每天都泡在柳鄉，上午在都市計畫處整理相關紀錄，下午和晚上就一一訪問當地民衆，進行意願調查。而當時的主事者何芳子小姐，更因後來她致力於都市更新，而有「都更之母」的稱號。

信任與保存，是都更成功的基石

在訪問柳鄉居民時，我發現絕大多數的民衆都非常不信任政府，也反對都更。這讓我有感於「信任」的重要。（後來都市更新的範圍大幅縮水，從原本的三．九公頃縮爲一．三公頃。）此外，我也到蘭嶼參訪，感受到保存文化記憶與習慣，也是都更的一大基石。

蘭嶼原住民的住屋在地底下，地面一樓則是養豬的地方。政府在看到這樣的景象後，認爲人豬共處，對環境、衛生都不佳，於是便興建了一棟棟新的國宅，讓原住民可以遷入。最令人意想不到的是，這些建築物蓋好後，原住民並未入住，反而在建築物裡面養起豬來，因爲他們早已習慣住在地下。同樣的，柳鄉居民對都更的反應是：我們習慣穿「汗衫」，政府卻要給我們穿「西裝」。

有感於柳鄉與蘭嶼的經驗，我覺得民衆的想法在都更中非常重要，都更不能是大規模的進行，而要從小街廓開始，零星、漸進式的發展、改建，讓民衆想要「自己改善住家環境」。其中，「信任」及「保存原有記憶」的想法，也在此時深植於我的心中。

再次出國，飽滿商學頭腦

研究所甫畢業，正想著未來方向時，恰巧東海大學新設立了建築研究所，陳其寬院長恰好到波士頓延聘老師，遂邀我擔任講師，教授「都市設計實驗」課程。當時政府欲在台中柳川進行都更，也給了我教學的靈感。

柳川是一條貫川台中市的河川，卻因爲人爲環境不佳，導致柳川不但美不起來，反倒像一條臭水溝。還記得我帶著五位研究生在柳川進行調查，並以居民的需求爲優先考量，最後模擬了兩個結論，並要學生分組辯論。第一個想法是簡單的維護：如街道路面有破損處補平、路燈重設，並維持街道的整潔易行；另一個想法是拓寬街道，讓綠帶變得更多，形成生態式的柳川。

在東海大學任教一年後，我到內政部營建署上班，參與國宅相關的政策內容討論，兩年後因覺自己學識仍有不足，便興起了再次出國進修的想法。二度出國，有感於建築師雖然有很多理想，但與業主之間的想法常有不同，最後總是屈服於業主，讓我對於建築系所有些猶豫。加上實務面對於都市更新的興趣，於是我申請赴賓夕法西尼亞大學都市及區域計畫研究所攻讀博士，在了解美國房地產問題根源於財務金融後，也選修許多商學院的課程，學到了許多經濟分析概念。至此，我除了有學界、政府單位的歷練外，也有建築、都市更新、商學的知識背景，日後也將它們融入了我的教學研究當中。

博士畢業後，我短暫進入內政部建築研究所，對台灣的房地產投資進行預測研究，奠定了日後房地產市場研究的想法。

受託研究都更相關方案

一九八七年八月，我開始在政大任教，教授「都市更新」課程。一九九〇年也接下都市更新處委託的環河北路昌吉街都更研究案（大龍峒大橋段部分範圍）。到目前為止，除了原本以人、以都市紋理為主軸的思想外，在賓州大學博士課程的浸潤，讓我更懂得從公共政策、財務金融等各角度思考，規畫出「分期、分區」「小坵塊合建」「上下游環節先後順序」等步驟。有趣的是，三十多年後的今天，當我擔任台北市都市更新審查委員時，很巧的也審查到大學畢業設計的大橋段都市更新案，均尚未完成，足見都更的確是一條長久的路。

一九九一年，我又受託研究與都更相關的獎勵制度方案，發現民眾或建商對無利可圖的事情毫無意願。此時，我在商學院所學到的財務分析又派上了用場，研究出相關的容積獎勵方案，不只是給實質容積獎勵，更帶入「時間獎勵」（越早完成，容積獎勵越多）的思維。

一九九五年，都市更新條例尚未通過，我即接受內政部的委託，多次與相關人員討論都更條例草案及相關細則。至一九九八年都市更新條例及一九九九年施行細則也正式通過，公權力可以實際執行。

一九九六年，我接下了老舊建築物整建維護研究案，從過去只能拆除重建的都市更新方式，延伸出「整建維護」的可能性及制度規範——現今許多舊大樓的外牆拉皮，就是此時研究的產物。由於政府在進行都更時，皆是先拆遷再安置，這個做法無疑讓許多原住戶無路可走，進而發生居民抗爭事件或活動（如推土機運動），有時也出現令人遺憾的場面（如林森公園拆遷案中，有人以自焚表達抗議）。

一九九八年，政府委託我進行「拆遷戶安置計畫」，在進行研究時，我看到了很多因安置未妥而衍生的故事，也提出「先安置後拆遷」的相關制度建議（包括安置條件、補償問題）。

都市環境改造，國宅也是其中一項。二〇〇〇年，我受託研究如何引進民間資源參與改善國宅資產活化的維護與管理，如此民間能獲利，政府也有收入，民衆也能得到更好的住宅環境，對於都市環境的改造，也有一定的助益。

協助審議都市更新案件

一九九四年，我受邀參與台北市都市更新審議委員會，審查各個都更的案子。這些案子的主導者均是建商、財團，我的使命就是爲住戶把關，找出不合理的地方，讓住戶公正得以實行。雖然我是站在把關者的角度，但在很多時候，我還是會以大局爲考量。

記得當年，冠德建設在中山北路有一個都更建案，因爲屢次審議未過，讓建商覺得政府故意刁難，萌生了放棄都更的念頭。身為審議委員之一，我深知委員們並不是故意不通過建案，只是委員與建商的角色不同，當然會有不一樣的想法，而這個案子如果完成，對於大環境與原住戶的幫助相當大，從建商獲利的角度來看，也還是有合理的收益，此時如果放棄，實在很可惜。

於是，我找時間告訴冠德馬玉山董事長我的想法，希望他可以繼續下去，馬董事長也在我的勸說下，同意我的看法。歷經多次的審議及修改，建案終於完成，「美麗國賓」也成為台北市初期少數都更成功的案例。

二○○○年，我也接下了台北縣都市更新審議委員會的委員，同年也成為高雄市政府都市更新審議委員會的委員，並充分了解到不同縣市在執行都更時會出現的問題。

二○○七年，我成為內政部都市計畫委員會委員，進行與台灣都市相關的規畫、更新等層面的審查（含括都市計畫變更、都市設計、社區發展、環境品質、法令等層面），可說是從裁判的角度來看相關的紛擾，也發現在這麼多的案子中，民眾多半不信任政府，這一點讓我覺得十分憂心。我覺得許多政府的政策、制度，必須更明確，更不能「嘴上說一套，實際做一套」，才有辦法提高民眾的信任度。

不同的研究案，就像從四面八方投來的球，每一顆球都有它的背景和可能性，也豐富我的思考角度，更讓我對都更累積了許多不同的想法。

回想我的學習歷程與都更的進行，我發現了一件十分有趣的巧合——最初選擇的建築，是屬於「設計面」的感性學系；商學，則是「數字面」的理性學系，兩者融合使用，可說是理性加感性的結合。而成功的都更，既要有形的「合理的利益」，又不能忽略無形的「情感的利益」，同樣是理性與感性合併思考的結果。

我的房子也要都更

二〇一〇年，台北市的房價居高不下，都市更新在台北市被炒得火熱，許多老舊公寓也跟著水漲船高。「此時不賣屋，更待何時？」看著北市的房價已經漲到超級不合理的昏頭階段，我開始思考，是該把自己的房子——木柵第一屋老舊公寓出售的時候了！

這戶公寓是我在台北購入的第一間房子，滿載著我和家人的回憶，但因房屋已有三十年屋齡，且沒有電梯及停車位，許多地方也老舊不堪，加上租給房客時，也曾遇到不堪其擾的問題，與老婆大人商量後，決定在此房價高點時賣屋。

然而，就在已經有買家表示意願之際，一通電話改變了我的想法。

「張教授，我是你以前的樓下鄰居，想跟你討論我們社區都市更新的可能性。」電話的那一頭是舊鄰，她的先生之前也在政大同系任教，與我是同事，目前已退休。

「都市更新？可是我的房子剛找到買主！」

「簽約了嗎？」

「倒是還沒。」

「那你可以跟買家說說看嗎？我們這個社區夠大，住戶也很單純，更新成功後眞的很棒！」

「這……」其實，我的買家是以前教過的一位學生，他覺得我的房子布置雅緻，空間也很大，雖然房價很高，他仍然願意購買。

因爲是自己的學生，如果跟他說明，相信他也能理解。

「張教授，我有位朋友黃小姐先幫我們社區規畫更新，她很熱心，也願意協助開說明會。」

黃小姐？那不正是我以前的助理嗎？這會不會太巧了！

夜晚，我坐在面臨河堤的窗台，看著對面政大校舍點點的燈光，往事一幕幕浮現腦海——中原建築系畢業設計、赴麻省理工學院讀書、與柳鄉社區民衆一一進行訪問調查……

過去，我雖參與過許多與都更相關的研究案，但再怎麼說都是局外人。或許我眞的該讓自己的房子眞正走一遭，才能體會都市更新究竟是怎麼一回事！

決定了！就讓我的第一屋也加入都市更新的腳步吧！

二〇一一年春初，我，正式成爲都更住戶的一員，迎接未來都更的每一步。

第一課

都更六大神話，破解不當迷思

住戶甲：聽說現在申請都市更新，可以不必花錢耶！

住戶乙：聽說可以一坪換一坪，搞不好還有賺！

住戶丙：有鄰居最近要賣，不如先買起來當投資！

建　商：你們說的都有機會，來聽下午的說明會就知道了！

住戶丁（心想）：我若越晚同意，是不是可以分得越多？

住戶戊（心想）：更新自己做就好了，不想給建商賺。

說到都市更新，大家第一個想到的就是不必花錢就能免費換屋、一坪換一坪，甚至開始投資舊公寓，想要賺一筆……但，事實眞的如此嗎？

01 老厝免費換新屋，不花一毛錢？

住在四十年屋齡的公寓裡，王太太對於住家的老舊、漏水狀況已經煩不勝煩，她聽說都更後，舊公寓不但會變成新大廈，更棒的是還不必花一毛錢，讓王太太對於都更有著滿滿的期待，並打算「揪團」找有志一同的鄰居們商量都更大計。

老房子換新房子，眞的可以不花一毛錢嗎？可以，但也不見得可以。最大的關鍵，就在房子的地點、未來房價和都更獎勵容積。

地點要好，房價才會高

你一定聽過有人的房子在經過都更後，不但不必花錢，賣了之後還可以賺一筆，但眞相是，並非所有地方都是如此。

在將老房子換成新大廈的過程中，發生的費用很多，舉凡拆除費、搬遷費、蓋屋的成本，以及其他相關費用等。雖然政府有容積獎勵，但你眞能確定，新屋總價一定可以吸收所有預先支付的費用及原本的房價嗎？

老屋之所以能免費換新屋，關鍵就在於老屋所在的地段。當地段越好，地主的土地持分越高時，越有可能免費換新屋。相反的，如果房子位於地價較低的地段，所有的費用加總之後，你會驚覺，都更很難達到老房免費換新屋的境界。

我們不難發現，最早進行都更的地段，一般都在精華地區（除了特例，如九二一地震後不得已必須更新）。因爲對建商而言，爲了使原地主能分回足夠的面積，相對的土地取得成本也就偏高。所以建商分到的建坪，必須創造更高的價格，才能有獲利空間，這也就是大部分建商利用都更後的土地蓋豪宅的原因。

容積與都更費用關係圖

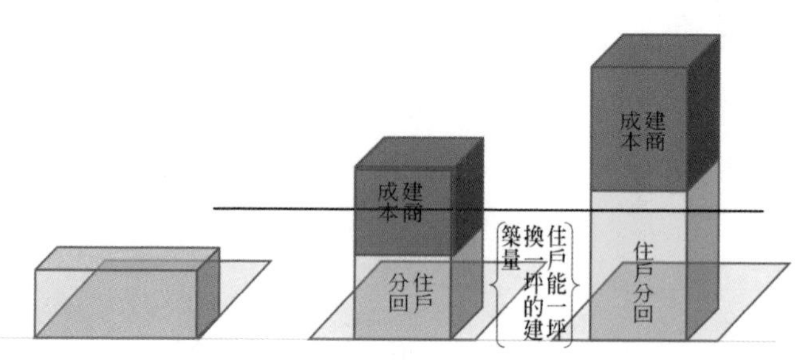

原本五層樓的公寓

改建成十層樓的華廈，建商還是不敷成本，住戶要分攤費用。

改建成十六樓的大廈，建商可獲利，住戶也不必分攤費用。

容積獎勵爲免費換屋的關鍵之一

將建築物拆除再重建，所花費的金錢十分龐大，因此除了地段之外，容積獎勵的高低，也是影響住戶是否能免費將老厝換新屋的因素之一。

簡單的說，容積獎勵指的是「更多的建坪」（在〈第七課〉會有更詳細的介紹），如果都更爭取到的容積獎勵額度不夠，那麼對建商而言，就沒有更多的建坪可以銷售，相對的也會影獲利，甚至考慮放棄都更。因此，容積獎勵的額度高低，也會影響住戶是否不花一毛錢就能住到新房子。

未來房價與時間成本影響甚鉅

都更是否能免費換屋，與「未來房價」也

有著密不可分的關係。

假設王太太在一坪四十萬元的時候開始進行都更（室內面積為三十坪），五年後新屋落成，房價卻從五年前的一坪四十萬變成三十五萬，那麼免費換屋的夢便很難達成；相反的，如果五年後新屋一坪可賣到六十萬，那麼在相同的坪數下，從「直接數字」來看，王太太的確可以免費換新屋。

但是，這五年間還有所謂的「時間成本」經常被人遺忘。

假設王太太將新屋賣掉後，可以賺到六百萬元，這六百萬元是五年的時間換來的，平均一年一百二十萬元，這還是最幸運的；假如都更不順利，拖了七年到十年，甚至永遠等不到都更完成，那麼平均算下來，其實並不見得划算。因此，就時間成本來看，越快整合完成是越划得來的。

都更小辭典

時間成本

許多人在計算成本時，看到的是實質付出的費用（如材料費、工資），往往忽略了從都更整合開始到建築物興建完成的這段期間，也是必須付出成本的。尤其大部分都更的費用多是向金融機構借貸，因此都更的時間越長，所需支付利息越多。換言之，在都更過程中，還有一個看不見的「時間成本」。

張教授真心教室

天下沒有白吃的午餐

都更從之人問津到炙手可熱，我發現大家一提到都更，想的多半跟「錢」有關，很多都更個案到後來不成功的原因，也是錢事擺不平。

錢雖然是關鍵，但是不是還有別的事情值得我們思考呢？

雖然地段較差的房子，在進行都更時，住戶很可能不會賺錢，甚至要花錢來住新房子；地段較好的房子，在更新時可能真的不必花錢，但天下沒有白吃的午餐，再怎麼不花錢，也要花時間與力氣。

換個角度想，如果花比購買新屋要少的錢，就能換到更好的住房品質，讓自己住得舒服、住得安心，其實也是很不錯的選擇，不是嗎？

都更一坪換一坪，完全不吃虧？

每當朋友到陳先生家拜訪時，第一句話就是稱讚他家「好寬敞」，讓他非常得意。畢竟，他的三十五坪公寓坪數實在，公設很少，不像新大樓權狀六十坪，但實際使用坪數卻連四十坪都不到。所以，即使公寓很舊又沒電梯，他還是不願意換屋。

不過，最近陳先生堅決的心意有些動搖，因為他聽說都更可以一坪換一坪，便開始想像自己住在同樣坪數的新房子中，上下樓不必再爬樓梯，眞好……

在近年都更成功的物件中（扣除九二一不算），可看到基地如果具備了以下三個基礎條件，較易成功：

❶高房價地區，房價多在七十到八十萬元／坪。

❷原建物少，且多在一到二層樓以下。

❸土地產權單純易整合，少違章戶。

以位在大安區國父紀念館正對面的仁愛尚華大樓爲例，原本是十二層樓、五十三戶建築，原房價五十萬元／坪，因爲九二一地震之故，居民決定自辦更新，並透過信託模式進行，總更新費用爲六．五四億元。更新後，總坪數爲一二三五二．〇二平方公尺（法定容積率爲四〇〇％，都更獎勵三五三二．九八平方公尺），並興建地下五層、地上十五層的建築，有七戶店鋪及五十六戶住宅，原住戶均可分回一戶，其餘出售，更新後每坪可達一百三十萬元。

由於當地房價高，餘屋出售的收入足以支付更新費用，因此可以達到一坪換一坪的結果。但是，並非每個更新案都不需要住戶再負擔費用。按現有已完成的案例，如果是一般型的更新，無法達到所謂一坪換一坪、但又一定要更新的，大概只有非重建不可的九二一屋及海砂屋了。

以台北南港區的修德國宅爲例，共有兩百六十六戶，因爲是海砂屋，不得不重建，透過都更及高氯離子的容積獎勵三成，更新後興建三百七十戶，爲地面七到十一層，地下兩層之建築。除分回原來兩百六十六戶，其餘出售，但仍不足以支付更新費用，最後是透過台北市政府「道義補助」，加上居民自行出資部分，才能達到原居住面積。

至於台北市老舊公寓更新專案，至二〇一一年爲止，尚未有成功的例子。

由以上的例子，我們不難發現，雖然住戶們都認爲可以一坪換一坪，但憑良心說，要達到一坪換一坪，實在不容易，我們可以從以下兩方面來看。

一坪換一坪，換的是產權坪

首先，讓我們來釐清，所謂的「一坪換一坪」指的是什麼？

答案是產權坪數。

假如同樣一間房子，更新前房屋權狀是三十五坪，都更後取得的房屋權狀也是三十五坪，聽起來一樣大，但因爲扣掉了公共設施，使用坪數可是大大的不同。

由於住戶通常不願意以大換小，使得都更難以進行。此外，住在幾樓也是一大重點。以往在進行都更時，最不願同意的通常都是一樓及頂樓住戶。一樓住戶不同意的原因，除了店面值錢外，有些一樓原本的地下室或私人庭院並未登記，而都更又是以登記坪數做爲基準，會讓一樓的住戶覺得「虧」很大。頂樓如有加蓋的住戶亦然。

對於一樓住戶及頂樓住戶而言，要眞正做到一坪換一坪，更是難上加難。

新屋公設多，難以換到理想坪數

過去的老舊公寓，權狀登記的坪數與實際使用的坪數相差不多，都是實坪。雖然房子很大，但因缺乏完善的公共設施（如防火設施、電梯、安全梯、停車位等），造成許多不便，對於整體市容也有影響。

都更後的房子一定會有公共設施，對於習慣舊公寓使用坪數相對大的居民來說，百分之三十到四十的公設比，將會稀釋掉實際使用坪數。如果希望坪數可以跟原本一樣，勢必要從容積獎勵來爭取。偏偏容積獎勵並非「每一棟建物都有大獎」，加上地段等評估，更難眞正做到一坪換一坪。

張教授真心教室

想都更，你重視的結果是什麼？

在二〇〇九年某個月，我發現不少更新事業計畫案的同意書紛紛被住戶申請撤回，追究原因，原來是住戶們聽到可以「一坪換一坪」，當然要將原本的同意書拿回來，跟建商重新談條件。結果往往是所有條件都要重談，而建商在精算之後，發現不划算，加上感覺住戶「不好談」，索性放棄。

類似的案子不只一件，也讓我思考：這些住戶們是否真的了解一坪換一坪的意義？

所謂的「一坪換一坪」，指的是各種條件之外所達成的最佳狀況，要達到這般完美的境界，需要很多條件的配合，例如地段、容積獎勵等。政府給獎勵，住戶要提供公益設施，而且還需要經過審查，除非地段真的很好，或許還有機會達成一坪換一坪，不然大部分的都更建案，是很難完成一坪換一坪的美夢。

都更的進行，應該是為了讓住家品質更好，利益則是其次。然而，在許多利益引誘下，原本該思考、該重視的事情，卻被拋在腦後，甚至不被重視了。或許十年之後，當原本早就應該換新的老舊房子更老舊時，才有可能改頭換面吧！

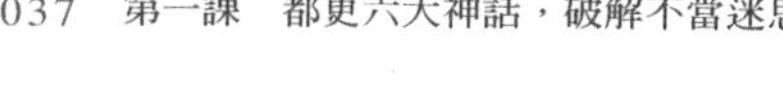

投資都更老公寓，保證賺大錢？

近來，吳老師發現自己住了三十年的公寓突然水漲船高，幾年前還是一坪二十萬，現在的成交價竟變成一坪三十五萬，讓他嘖嘖稱奇，心中不解：「這麼舊的公寓怎麼會有人願意花高價買？」經過鄰居說明，才知道自己住的地段不錯，有都更投資賺錢的「錢景」，讓吳老師不免思考，是不是也該留意一下，看看附近有沒有老舊公寓適合「投資」？

這幾年常常聽人們談到「投資便宜老舊公寓，等都更、賺大錢、發大財」這類話題。尤其地段好的老舊公寓更是投資客眼中的肥羊，而我也聽聞有幾位朋友「相揪」投資買老舊公寓的故事。

不過，老舊公寓從整合到完成，中間的環節不少，大家不能光看地段好就下手，在下手前要先思考以下幾點。

房價是否已經上漲？

當大家說某個地方的土地要都更，而且還有公寓要出售時，首先要注意的是那裡的房價是否已經漲過了。尤其是以投資爲目的者，更需要經過審愼的思考。

我們在購買房屋時，付的是房價，但參與都更的是土地，計算的是更新前的土地價值，所以一定要注意到土地持分的情形，並且考慮購入的價格換算到土地的價格時，是否已偏高了。

以虎林街的都更案爲例，有位住戶在買了一樓店面後，才發現該處即將都更，但建商以土地持分的價格計算後，願意給他的價格，竟然比那名住戶原本買入店面的價格還要低，該住戶當然不願意，到最後演變成「法庭上見」，都更也一再延宕。相信這樣的憾事，都不是大家所樂見的。

處於都更的哪個階段？

辦理都更有一定的流程，每一個流程都會有需要留意的事情。想投資老舊社區的你，請先弄清楚想投資的房子，究竟是在哪一個階段。

初期：未劃定都市更新地區／單元

有些地區雖然未被政府劃定爲都市更新地區，但只要符合地區及建築物評估標準，是可以申請劃定更新單元的。在申請劃定單元之前房價最低，但也可能無法更新，不確定性最高。一旦劃定了，表示已有建商在布局，此區域更新成功機會較高。

前期：劃定都市更新地區／單元

一旦住宅被劃定爲都市更新地區，或是已申請更新單元劃定完成，只要在較好的地段，房價就會開始漲。此時住戶都更意願尚待整合，雖然還不確定能否整合成功，但因爲已經踏入更新的第一步，房價會比前期還要高，不過也會隨著整合期拉長，而略爲往正常房價下修。

中期：更新事業計畫送審

當都更進入審查階段時，表示都更案已送入政府部門審查，住戶也已大致整合完成，距離都更成功又更接近了，只差獎勵容積尚未確定。這時的房價比前期更高，風險也開始降低。

中後期：更新事業計畫核定到執行

住宅確定更新，所有不確定因素已大致消除。審議後的好處在於容積獎勵已經確定，房價可能因此而被炒了數波。但由於房子處於拆除重建階段，也有可能會蓋不下去，加上未來房價高低還不知道，此時投資到底會不會賺錢，就要精打細算了。

後期：更新事業計畫執行到建築完工

此時，原來的房子已經拆除，且正在進行建築新建工程，代表更新案已在執行中，也沒有所謂釘子戶的干擾，未來的更新價值已預期可以實現。此一階段的房價雖然會往新成屋價格緩步向上，不過也還要看當時房市景氣狀況而定。

投資舊宅更新，要經過買房、參與更新規畫、分配房子、拆舊屋、蓋新厝後再出售

更新期間與房價的關係

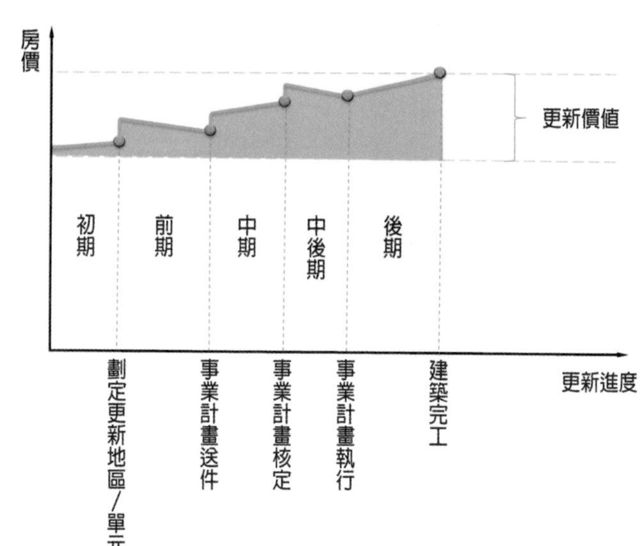

房子，萬一整合期過長，買房的資金又是貸款而來的話，則要考慮到利息成本。一旦時間拉長後，等到房子分回可以出售，到時的房價如何，更是考量的一大重點。

興建容積的多寡？

購買老舊公寓，應先注意其原有的法定容積、目前使用的現況容積，以及未來可獲得的都更獎勵容積等三者多寡。因爲未來都更興建新大樓的總樓地板面積，是考量上述三種容積而獲得，換言之，購買老舊公寓時，未來可獲得興建容積多寡是關鍵。

值得注意的是，都更獎勵是要

靠爭取的，所有你聽到的都更獎勵，指的是上限，不是政府講的就一定全部都會給。因此，如果你所投資的房子已經有建商進入商談，也請先與建商確認自己分回的部分。

有時候，更新獎勵有部分也是要建商花錢去買的（如公設用地興闢、容積移轉等，見〈第七課〉），住戶也有可能是要付出代價的（如停車獎勵、公益設施的提供，需供社會大眾使用）。至於要如何分配，當然要先談好分回原則，例如法定容積的分配比例與都更獎勵依項目談分配比例，不同項目的分配比例是可以有所不同的。但即使與建商談好，最後可得到政府多少容積獎勵，也都要等到審議委員會審議後才能定案。

張教授真心教室

投資老舊公寓前，先了解失敗原因

雖然我長期關心房價的合理性，但並不反對房地產這個投資項目。如果你對於投資老舊公寓等待都更獲利有興趣，除了上述要考慮的部分外，以下這三個都更失敗的原因，更是下手前務必了解的重點：

❶一樓店面與頂樓加蓋的多不多？

在不同意都更的人當中，店房東的比例占了不少。以木柵某地段為例，有位店房東將一個門號分成三個店面，月租金收入超過十萬，當然說什麼也不願意都更。

另一種反對大戶則是有加蓋的頂樓屋主，由於目前加蓋的部分多半是違建，坪數無法計算在都更後的新屋內，因此頂樓的屋主通常都會覺得非常不划算，當然不想都更。

如果你是為了都更而投資舊公寓，先調查看看一樓的店家與頂樓有加蓋的屋主多不多？該店家與屋主對於都更的想法又是如何？接著再進行你的投資大計，會比較理想。

❷有釘子戶或多種勢力介入嗎？

社區中如有為了反對而反對或意圖不佳的釘子戶，甚至有不同勢力已進入投資，各占山頭、在其中角逐，那麼都更也不易快速進行。

❸有多戶已經重新整建或裝潢嗎？

不少老舊社區的住戶都會重新整建、裝潢住家，少則花費十數萬，多則數百萬，還沒「住夠本」就要進行都更，當然不會同意。

容積獎勵是都更的萬靈丹？

許太太利用星期六下午參加了社區第一場都更說明會。

聽完說明會後，許太太還是不太了解都更，但令她印象深刻的是，說明人不只一次提到「容積獎勵」，似乎有了容積獎勵，都更就可以順利完成，讓許太太不禁思考：「容積獎勵眞的是都更的萬靈丹嗎？」

一般都更案件，透過都更獎勵後，建築容積最多爲一．五倍，但根據台北市都市更新處的統計，平均大概只拿到一．三倍。目前在台北市政府提出的老舊公寓更新專案的建築容積，最多可以爲兩倍，不過實際會拿到多少，就要看確切執行後的情況了。

容積獎勵指的是上限，不是全給

台北市老舊公寓更新專案的兩倍建築容積，指的是不超過建築基地兩倍的法定容積。換句話說，法定容積所給的獎勵上限是一〇〇%。例如，許太太的公寓位在土地使用分區的第三種住宅區（即「住三」），法定容積率二二五%），如果她不參加都更，而以一般直接申請建照來重建，那麼一坪土地只能蓋二．二五坪的容積建坪。

若許太太同意參加都更，按都市更新條例的容積獎勵上限五〇%來看，那麼她的一坪土地可以蓋到三．三七五坪；又如果許太太的公寓符合台北市老舊公寓更新專案的條件，那麼透過都市計畫變更的程序，她的一坪土地最多可以蓋到四．五坪（見下表）。

所有都更容積獎勵的申請內容，都會寫在都市更新事業計畫書裡，並經過都市更新審議委員會審查。審查時，重點會視更新單元對都市發展的貢獻度，而給予適當的建築容積

容積獎勵變變變（以住三，一坪土地為例）			
條件	不參加都市更新，以一般方式申請重建	都市更新條例	台北市老舊公寓更新專案
容積率（%）	225%	225%×(1+50%) =337.5%	225%×(1+50%+50%) =450%
一地坪可蓋建坪	2.25坪	3.375坪	4.5坪

獎勵。

這些可被獎勵的項目包括：捐贈公益設施、時程獎勵、協助開發或管理維護公共設施或捐贈經費、歷史紀念藝術性建築物保存、規畫設計獎勵、綠建築設計、更新單元規模及處理占有他人舊違建戶等，且每一項都有上限的規範。

除此之外，也要注意台北市老舊公寓更新專案也是有年限的（自二〇一〇年八月二日至二〇一五年八月一日止），並不是沒有期限的獎勵。至於其他縣市政府就要依「都市更新建築容積獎勵辦法」第十三條規定，也就是要先劃定為策略性再開發地區，才有機會爭取到兩倍的容積獎勵。

只有容積獎勵，低房價地區都更難

由於目前大家一味的將都更的利基放在容積獎勵上，以致於眞正需要更新的地區，沒有足夠的房價吸引建商來進行，也因此造成都更離不開台北的情況。還有就是都更令人想要一坪換一坪，但眞正需要更新的，卻是住在低房價地區、經濟較為弱勢的人，實在很難進行更新。

此外，容積是否眞的值錢，也要看是在哪一個地區，如果地區的街道較為狹小，便無法靠容積來賺錢。例如萬華地區的街道普遍不寬，樓層無法蓋得太高，導致容積「用不到或用不完」，這樣也就不需要太多容積了。

容積高低的關鍵要看地段，地價較高的地方，只需付出一點點，就能換回很高的報酬；相對的，地價較低的地方，建商就不一定有興趣爭取容積獎勵了。更何況離開寸土寸金的台北市，到了透天厝比較多的城鎮，容積獎勵的用途就不大。

容積越高眞的越好嗎？

容積獎勵最早是爲了能夠加速老舊社區更新，讓都市整體更美好，並且改善居住環境，增加公共利益，希望藉由內部（老舊公寓）的改變，讓外部（整體大環境）更美好。

時至今日，在建商一味追求高容積的情況下，都市再發展變成只是小基地的開發。重點是，過高的容積在沒有考量地區公共設施是否能夠負擔的情況下，反而會造成都市不經濟的外部化（例如道路、學校不足），淪爲建商、地主及政府賺錢的工具，而苦了一般市民。

張教授真心教室

要取得容積獎勵與住家品質的平衡

提到台北市的豪宅代表，大家首先想到的莫過於「帝寶」和「信義之星」。但是你知道嗎？只要你有車，就可以將車子停到門禁森嚴的帝寶停車場，而且一小時只要四十元。至於社區口總是站了兩名保全的信義之星，你也可以大大方方的走進這個看似它專屬的街道，而保全也不能把你趕走。

為什麼？原因就在於容積獎勵。

以這兩個知名的豪宅建案為例，在建築規畫設計時就以爭取最高容積獎勵為目標，交換條件則是必須提供公用停車場、開放式空間，當然也需要另外付管理費。

容積獎勵原本只是一番美意，身為建商當然希望容積獎勵越多越好，但卻往往忽略過多的容積獎勵，可能會影響住戶的居住品質，管理費也會因為額外的使用而跟著變高。有時還會出現建商爭取到容積獎勵，蓋好房子拿了錢就走，留下令住戶意想不到的不便利（如管理上的問題）。住戶這才發現當初在沒想清楚的情況下，以為容積獎勵當然是能拿多少就拿多少，卻沒想到日後會對住家環境造成影響。

因此，我認為容積獎勵並不是都更是否成功的關鍵，成功關鍵在於住戶的共識，而不是斤斤計較容積獎勵的多寡而已。如果你問我對於容積獎勵有什麼想法，我只能說：「糖雖然好吃，但吃太多也是會蛀牙的。」

同意都更，越晚表態越有利？

美美住的社區，從去年開始就陸續辦了幾場都更說明會，今年都更的步調進行得更加緊湊，據說有三分之一的住户都已經簽了都更同意書。在聽過幾場都更說明會後，美美對於社區都更有一定的憧憬，也打算簽署同意書，不料她先生聽了以後，卻告訴她：「先別急著簽，我們要最後表態才最有利。」

眞的是這樣嗎？滿頭霧水的美美在睡前煩惱著：明天要如何跟熱心的鄰居說「不」？

「越晚表態越有利」的邏輯，多半來自於「建商希望趕快順利進行都更，越晚表態的人，就可以和建商談到最好的條件」，所以不少人心中都會想：「等大家都談妥後，我最後一個談。」

我認爲，當然要和建商談，但談判有一定的技巧，如果人人都抱持著「最後一個表態」的想法，都更還會成功嗎？像我就曾經看過一個都更案，社區中九十八%的人都同意了，唯獨二%的人不同意，結果同意的住戶和不同意的住戶形成了對抗的局面，本來是見面會打招呼、說說笑笑的鄰居，因爲都更變成見面三分仇，心中起了疙瘩，實在很遺憾。

另一個都更案是有幾位釘子戶在與建商談不攏的情況下，最後建商決定放棄都更，讓期待都更的住戶們美夢都碎了。

想要用最後表態來要脅，希望藉此得到更多的好處，不但會讓社區民眾對你產生反感，有時反被建商威脅，造成精神上的壓力或被強制執行，怎麼想都是偷雞不著蝕把米。

那麼，要如何評估「要不要表態」呢？

我的想法是，以合理、了解爲原則。「合理」指的是建商的條件是否合理；「了解」指的是對於都更說明的了解度。當你覺得所有條件都合理，對都更也有一定的了解，最重要的則是「合作」。合作指的是社區意識，社區住戶們的合作，將是都更進行順利與否的關鍵，如果大家可以一起表態，對於社區意識的凝聚，也會有很大的幫助。

與其想靠「最後表態」來爭取利益，不如從一開始的每一次會議都參加，並合理的審視自己的權益，讓社區民眾凝聚在一起，以大多數人的意見爲意見，才是比較符合民主的方式。

釘子戶是都更不可承受之重

社區中如果有黑道釘子戶，對於住戶的精神壓迫是很大的。這一點每位住戶面對的態度不一，個人認爲公權力的介入、保障住戶安全是必要的。

除了黑道釘子戶外，大家最熟悉的，莫過於原住戶成爲釘子戶的情形。原住戶之所以成爲釘子戶，原因很多，可能是對原屋有深厚的感情而不願意搬離、家中長輩的反對，或是認爲分配不合理，也可能是想要得到更多利益。

雖然在都市更新條例中，提到「只要八成住戶同意，即可強制拆除」，但在服從多數、尊重少數權益的過程中，是否出現處理手法太過粗糙的情形？是否因爲觀念上的不一致就要逼迫釘子戶服從？或者沒有妥善處理釘子戶眞正問題，只單純以錢的角度去打發，反而勾起人心的貪婪，讓都更美意受到曲解。

哪怕只有一戶釘子戶的存在，都會影響都更速度，且強制拆除的過程不但浪費許多社會資源，也造成民眾對政府「做法有失厚道」的觀感，這些都是都更不可承受之重。因此，建議政府及建商能從資訊透明與理性思考的角度來面對釘子戶眞正的問題。

張教授真心教室

都更糾紛需要盡快處理——推動都更法院外仲裁

都更如果進行順利，整個流程大約也要三年左右；萬一不順利，拖個十年也是有可能。當住戶與建商、住戶與住戶間發生都更糾紛，鬧得不可開交、撕破臉也解決不了時，通常會告上法院。

問題是，都更所牽涉到的人非常多，循法律途徑曠日費時，許多住戶長期租屋在外，有家歸不得，所謂的釘子戶也住在如同工地的破房中，實在讓人感到遺憾。尤其當未來都更案增加時，遇到糾紛若可以盡早處理、盡速解決，對於住戶、建商來說，都是一大福音。

如果不走法院訴訟，或許法院外仲裁（又稱為「解決紛爭替代方式」，Alternated Dispute Resolution，簡稱ADR）是一個可以採行的方式。目前，不只是國際貿易糾紛會以法院外仲裁方式處理，政府針對許多專業的糾紛如醫療、公害方面都有仲裁機制，由相關專業組成的團體來協助評議裁決。

面對都更，我們期待政府也能以法院外仲裁的方式推動都市更新仲裁。如此一來，就有一個專門評議裁決都更糾紛的地方，讓都市更新案件可以更快確定進行的方向。

找建商不可靠，自己進行好處多？

經過半年的會議討論，古先生住的社區終於有了都更的共識，但在討論的過程中唯一讓他覺得不妥的是：社區的委員們都認爲既然要都更，所有的事情當然最好是自己來，原因是「自己來才不會被建商騙」「自己來才能有百分之百的主掌權」「自己來才不會肥水落到外人田」。

可是，蓋房子可不是小事，尤其一百戶的社區蓋起來規模也不小，古先生心中暗想：「這幾位委員們都沒有建築相關背景，眞的有辦法把都更做好嗎？」

說到建商，大家心中第一個想法就是「建商不可靠」「找建商來，很容易被A」「所有的利潤都被建商吃掉了」，雖然有可能這樣，但也不見得每次都如此。因爲建商在進行都更的過程中，除了將必要花費的各種成本算在內，還要負擔一些大家看不到的成本（如時間成本、地主協商成本、資金投入成本等）。

不過，在各式各樣的「懷疑」聲浪中，我覺得最倒楣的要算是與建商接觸的熱心鄰居了。許多時候，熱心找建商來的人，會被其他社區民衆認爲「與建商掛勾」「一定有拿建商的好處」等，或是有多組人馬找不同的建商來談，卻因爲各種因素造成大家撕破臉，誰都不讓誰得標，最後受害的還是社區本身。

其實，建商的專業不只是蓋房子，還懂得如何找到更多的獎勵、懂得建物的規畫與掌握品質，對將來蓋好的房子價格有更好的行銷規畫等。雖然找建商會增加一些成本，相對的也可能增加利潤。將焦點放在降低成本上並不一定划算，不如思考如何把餅做大，找到有信譽品牌的好建商，才是值得思考的事情。

如果眞的無法信任建商，那麼在協商時，不妨由住戶主導，並經由專業的顧問，或是中立的協商團體爲住戶進行協商，將更能化解住戶們的不安，縮短都更的時程。

張教授真心教室

關鍵在於協商機制與信任——推動都市更新公民論壇

想要肥水不落外人田，但又缺乏專業，沒有足夠的時間來處理，是自行辦理都更的住戶經常會面臨的問題。

蓋房子是非常專業的事，一般民眾通常很難理解箇中的「眉角」，無論是自己找營造公司或與建商談判，都有很多細節要注意。更何況都更所面對的，不只是蓋房子這件事，而是層層的人我關係。相對於政府和建商以為「只要祭出容積獎勵就什麼都好辦」的想法，我認為建立起一個好的協商機制（如前述的法院外仲裁）外，一個讓民眾有安全感、值得信任的平台更為重要——這個平台就是「都市更新公民論壇」。

都市更新公民論壇的概念，是透過一個非營利專業組織提供住戶、建商及政府三方對談的平台，不是與誰作對，而是從公正專業的第三者角度出發，讓政府、民眾及建商可在此平台上提出自己的想法。一方面可以讓問題不再因單向思考造成誤解，更大的意義在於資訊的透明化，讓民眾可以找到信任的來源，在都市更新計畫中創造更多社會公益，使都更案能創造多贏的局面。

張教授與都更處對談

對談者：台北市都市更新處　林崇傑處長
　　　　台北市都市發展局　簡瑟芳正工程司

主題1：容積獎勵是都更萬靈丹嗎？
主題2：政府對於成立都更非營利組織或第三部門的看法

張：你們對獎勵容積的看法是？

簡：就這次對談的第一個主題來看，在經過實際都更推動案例之後發現，容積獎勵並非都更的萬靈丹。其實也有案子的獎勵容積已申請至上限，但還是沒辦法順利推動，原因在於並不是每個人都認為房子改建成新屋是好的，有些人並不想改變現狀，也沒有意願參與都更。當住戶間沒有共識，更新案推行就有阻礙。我們也常遇到民眾質疑：「我不更新不行嗎？」然而，依目前中央訂定的更新法令機制的設計來看，如果更新單元範圍內大多數人同意更新即可執行，也必須執行。

張：嗯，採多數決的確是依大多數人的意見為主沒錯，可是對於不想更新的民眾，有沒有調整空間呢？讓不願意更新的人有其他的選擇？

林：因為都市更新條例是中央訂定，目前的法令機制確實讓不願意更新的民眾沒有其他選擇。我們去年邀請了英國和日本的都更專家來台灣，也針對這個議題討論。依專家學者所言，他們都更的裁判權是來自於法院。對於不願意離開的住戶，會由警察來執行強制住戶離開的動作，與台灣強制執行機制是由地方政府都市更新主管機關執行不同。

張：但是我們現在的法制是設計為「行政權」。

簡：對，現在的法制是由都更行政機關來處理，相較日本制度而言，強制執行力量相對較弱。

張：我觀察都更最大的問題是來自於不信任，民眾不相信業者和政府。為什麼沒有推動第三平台來增加信任，加強第三部門的想法？

林：台北市政府很早以前即已看見這個問題，並著手規畫。今年我們打算推動財團法人都更推動中心，以整合、協調顧問為主，並不以營利為主要目的，這跟目前台灣現有的更新相關民間機構不同。

張：對，每次有人問我：「現在不是有些都市更新基金會、協會、學會之類的組織嗎？」我就不曉得該怎麼說。明明不該以營利為目的，到後來都有營利的味道，甚至有些會站在建商的立場，失去了非營利組織目的的公正性。

林：我剛才提到的都更推動中心，目前制度上設計是由政府百分之百出資，當然也接受民間捐款，董事的組成也是政府指派（一半是政府官員，一半是專家學者），性質上屬第三部門，相信可以提高民衆的信任度。未來我們也希望可以更進一步參照日本「UR」的推動模式，除目前協助前期規畫外，能主導更新案至興建完成，並以分回樓地板的收益，維持中心的運轉。

張：這跟我的想法還是有些落差，我的想法是類似崔媽媽基金會（藉由租屋服務過程，替無殼蝸牛們尋找暫居的住所）、都市改革組織（OURs）的概念，或者像社區規畫師這個想法也很不錯，由政府來協助輔導不要介入，給予一些補貼，鼓勵很多崔媽媽出現，讓他們自己來操作。

林：其實張教授提到的這個部分，目前更新處已經設計相當多的機制引進民間非政府組織（NGO）或非營利組織（NPO）來協助推動都更，包括協助辦理及參加說明會、設立諮詢櫃台及專線接受市民諮商，以及協助培訓都更專業人才等，並且兼顧更新重建及整建維護兩方面，也積極參與相關學會、公會所辦理的法令研討會議。包括崔媽媽基金會、都市更新學會及北科大等大專院校，在與市民專業溝通上，今年度都有協助我們，也都有很好的成效。

張：前陣子我剛好參加一個座談會，有一些社區規畫師和里長在討論都市計畫的問題，當中也有幾位是很有理念的人。

林：在台北市，我們也觀察到很多里長很熱心的推動都市更新，也很積極希望里內環境能夠早日更新改善環境，這個部分如果里長有提出，我們的同仁也都會積極與里長做溝通。

張：我會擔心如果是政府成立的，會不會有很多爭議，或是民意代表會來爭這個東西？

林：針對由政府主導都市更新協力機構這樣的組織，到底要以什麼樣的形式成立，市府早在一九九六年就已經提出成立都市更新公司的想法，但當時確實有不同的意見，導致政策停擺。在考量現今都更推動現況與需求下，目前提出成立「財團法人都市更新推動中心」，百分之百由政府出資，研提設立具公正、客觀的都市更新協力機構，擬提供專業評估與諮詢、技術服務等協助，期能使本市都更推動機制更形健全，提供市民不同類型之都市更新協力組織，拓展多元的都更推動模式。

張：最近我看到有一位香港學者提到「信任經濟學」，我想如果有信任，就可以省掉很多的監督。都更這方面如果可以提出幾個值得信任的建商、建經公司或營建廠等，讓民眾知道能找誰，也會比較安心。

林：針對這部分，我一直在推動相關機制，希望能促成都更資訊公開透明，包括公開實施者履歷資料及推動實施者設置都更專屬網站等。針對張教授建議的評鑑制度，考量政府的角色，由公部門來做比較不恰當，倒是很希望看到民間團體進行評鑑，像是如果由消基會來執行，就相當受到民眾信任。

張：我明白，不過你們有公權力，可以來促成這件事情，找學界討論。我要重申在都更中，關鍵真的是在信任平台這件事，如果這方面沒有做到，再做其他事情都不容易，因為我也參與都更很久了，我一直覺得信任真的是關鍵所在。此外，都更處一直在做協商、細節審查等事情，花掉很多時間，這是機制上的問題，的確也需要再好好的討論一下。

第二課

都更要知道的六大權益

建　商：下午有都更說明會，歡迎大家來聽！
住戶甲：好想知道我們這個社區將來可以怎麼發展！
住戶乙：別傻了，這些說明會都是騙人的，我要抵制到底，一次都不參加！
住戶丙：我也一次都不要出席，撐到最後才可以A更多好康的！

都更不能只討論錢。錢當然很重要，但除了錢之外，還有很多事情都攸關住戶的權益，這堂課將一一說明。

01 談都更，對象是誰有關係

十分關心住户權益的護士陳小姐，特別在星期六上午向醫院請假，參加都市更新說明會。到了現場後發現，主辦這場說明會的人雖然是社區鄰居，但眞正在說明的人，卻是某家建商。在說明會上，建商用了很多漂亮的圖表、照片，還畫了藍圖，強調更新前後的差異，令陳小姐心動之餘，也不免懷疑：更新後眞的有像建商說得這麼好嗎？主辦人和建商又有什麼樣的關係？

一般人都忙於自己的工作、家庭，不見得了解土地開發、房地產或都更等事務。而都更也很少在你我身邊發生，一生可能就這一次，尤其是當房子看起來還好好的，或是才剛裝潢好時，大家的意願就不高。因此，在都更的最前期，請注意到底是誰來跟你談都更。

通常大家都會認為來談都更的人，不是建商就是住戶，其實接下來將會提到的「中人」也占了不少，而不同的人來談都更，想法和立意當然也不一樣。

建商談更新——代表有利基

在都更的過程中，我發現很多人一開始時都沒有意願，往往是後來受到刺激（如建商、鄰居、親朋好友、政府等勸說），才開始萌生都更的想法。無論如何，社區要開始進行都更，總會有起頭的人，當起頭人是建商時，大部分都做過前期的評估，認為這社區有更新的利基條件。對於更新的建築規畫、未來分配條件等，大致上該有的想法都會主動提出。

面對建商來談都更時，住戶的第一個反應通常是「我會不會被A錢」「在談判的過程中，會不會因為對細節的不了解而被騙」「絕對不能輕易的被『各個擊破』」等不信任的想法。在實際的例子中，的確會發生類似的情形，所以住戶除了要打探建商的背景外，也可以向市政府詢問建商的紀錄（詳情請看〈第六課〉），了解建商在都市更新的經驗。如果正向的紀錄越多，表示建商的條件和能力越好，執行成功的可能性也最高。

住戶談更新——由誰主導最重要

若是社區住戶來談更新，可能是覺得居住環境不佳、建築結構有問題，或是對方爲建商的中人也不一定。

前來談更新的住戶，若是自己的親戚或具有正義感、熱心又有好口碑的人，因爲在社區中信任度高，也比較容易激起大家參與都更的意願。相反的，如果是陌生住戶或不熟的人前來談更新，其他住戶往往會懷疑其背後的目的，是不是與建商談好了利益……在缺乏信賴感的情形下，都更的認同度也較不易被激發。

無論前來談更新的住戶出發點爲何，先確認未來是由誰來執行及主導都市更新，是所有住戶必須要關心的事。

中人談更新——三種類型要注意

除了建商和住戶外，中人也是主動找住戶談都市更新的角色之一。該角色除了由住戶扮演外，另外還有以下三種類型。

掛羊頭賣狗肉型

有些中人所亮出來的名片是某某建設公司，但實際上卻是做中人的工作。當談成一個都更案之後，中人就會將案子「賣」給建設公司，並且退場。對住戶來說，日後如果有權益受損或條件不一的情形，將很難找到負責人。

另一種掛羊頭賣狗肉型的中人，名片上則會印著某某顧問公司，但絕非眞正的顧問。這種類型的中人很難看得出來，但爲了避免遺憾發生，最好的方式就是以優良建商爲首選，而不是只看到利益，就忘了其他更重要的事情。

變形蟲型

有一種中人和掛羊頭賣狗肉型中人相反，其實是建設公司內部的職員。爲了不讓住戶「大揩油」，於是便喬裝成中人與住戶談判，等到案子談成後，再恢復原職。

混淆視聽型

目前市面上也有很多打著都市更新公司名號，實際上卻是中人的公司，並沒有協助到後續都市更新的流程。住戶在看到這類型的公司時，不妨多問問公司人員對於社區將來的規畫是否有詳盡的想法，可以從談話之中找到蛛絲馬跡。

中人在傳統土地開發裡是做居中整合的角色，做為地主與建商之間談判買賣合作條件的媒介（類似房仲業者），透過媒合成功賺取佣金。然而都更過程中，中人與地主所談的條件，與事後眞正執行建商所願意接受的條件不一致時，爭議糾紛就很容易發生。

另外，由於更新的同意書十分重要，但內容上並不涉及與建商或中人所談的條件，往往造成談的條件與實際給的條件之間的差距，所以這時一定要附帶更新事業計畫書的內容及協議分配內容作爲附件，以保障住戶們的權益。再者，也要弄清楚同意書上所同意的「更新事業實施者」究竟是誰，以免來談條件的對象與眞正執行更新對象不一致。

過去，中人給大衆的既定印象並不好，如果他們能主動表明自己是中人身分，至少讓住戶心中有個底。但若未明確表態，且給人一種曖昧不明、模糊的感覺，那麼住戶本身也要做好守門的動作，別讓好好的家被莫名其妙的賣掉。總之，中人有好有壞，對都更有正面也有負面影響，住戶應睜大眼睛，多做功課。

都更顧問公司談更新——避免掛羊頭賣狗肉的公司

都更顧問公司的工作是爲住戶規畫流程、擔任顧問，但有許多住戶在簽約後才發現被騙了。到底要如何避免掛羊頭賣狗肉的都更顧問公司？以下提供幾個重點供讀者參考。

需保持中立

在與都更顧問公司初步接觸前期，可以詢問對方有無配合的營造廠、建材商等，接著再從該公司所建議的名單中，查看營造廠的董監事、股東等相關資料。一旦發現都更顧問公司極力推薦的某家廠商中，該公司剛好是股東，那麼這樣的公司就很難保持中立，爲住戶著想。

需給予充分的時間做簡報

有些住戶爲了節省時間，會將所有有意願接案的都更顧問公司聚集起來，然後再讓各家公司花少許時間爲住戶做簡報。這樣的做法固然簡便，但卻很難從中了解該公司是否眞的有能力辦理都更，或者只是整合公司，甚至中人。此外，這樣的說明會很容易流於「哪一家給的條件好，就交給對方執行」的情況，到時候吃虧的還是自己。

需眞正執行過都更業務

眞正有在進行都更協助的公司，內部一定會流露出相關的氛圍，因此建議住戶們不妨組成小組，到都更顧問公司走走，多看相關資料，可以更了解這家公司是眞的在協助都更相關事宜，或是假藉都更名義賺黑心錢。

需收取合理的顧問費

有的都更顧問公司爲了業績，會降價爭取都更案，雖然省了錢，但規畫品質可能良莠不齊，甚至提供社區錯誤的資訊，使得都更走了很長一段冤枉路，甚至停工重新發包。因此，合理的顧問費是必要的。

張教授真心教室

無論是誰主導，怕被騙就要做足功課

除了建商、地主、中人外，前來談都更的人也可能是營造廠、專做都更的都市更新顧問公司，協助整合的都市更新公司或建築經理公司等。不同的人做的事情也不一樣，住戶務必要了解清楚再做決定。

當收到與都市更新相關者的名片時，住戶也可以透過經濟部商業司「全國商工行政服務入口網」查詢公司的狀況。只要從資本額來看公司規模，大致可以判定公司有沒有「實力」去執行更新案，或者只是小資本額的中人及顧問服務公司。

對於利基優渥的社區，也可能會出現不同的建商同來搶食一塊社區都更大餅的現象，或是有建商會以較高的價格私下向住戶買屋，以獲取更多的占有率等。然而，無論你家的身價多高，還是要思考：「我真的要都更嗎？」一旦確定想都更，無論主導者是誰，住戶都必須了解都更相關法令，並閱讀都更書籍，如此一來，才能降低在都更的過程中被騙的風險。

多看、多聽、多了解，積極參與不吃虧

林先生和太太兩人工作十分忙碌，常常晚上九點以後才回到家，假日通常會睡到中午才起床。這一天，林先生收到星期天上午即將舉辦都更說明會的通知，看到發起人名單中，除了一位社區住户外，還有建商名列其中，讓林先生很反感，心想：「假日還是補眠好了，聽什麼都市更新？還不是被建商A走？」

大部分的都更案都是由建商起頭與住戶商談，但我認爲既然是自己的家園要更新，起頭當然要從住戶開始。

在決定參與都市更新後，熱心的老鄰居剛好找到我昔日的助理——目前任職於建築經理公司的黃小姐，在她的協助下，開始向各住戶發布開會通知。

「張教授，我們這個社區共有九棟，每棟十戶，加起來總共九十戶，許多住戶都跟我一樣搬到別的地區，不曉得會有多少人出席第一次說明會？」一位提早到達的住戶揣測著。

隨著說明會時間越接近，社區住戶們也陸陸續續出現，算一算共有三分之一的住戶出席。

「這樣的人數算多嗎？」我問。

「第一次的說明會就有三分之一的住戶出席，不錯了！」黃小姐說。

在這次說明會上，大家決議要推動社區都市更新，爲了將來聯絡更順暢，每一棟都推選出一位聯絡人，共組推動小組。有了推動小組後，下一步就是找建商來談了。

或許是我在媒體上敢發言的形象，讓許多讀者朋友以爲我和建商水火不容。事實上，我是一個就事論事的人，雖然有些建商覺得我妨礙了他們的機會，但也有建商明白我的爲人及處世態度。

因爲我平日經常參觀建設公司，且有與其討論建案的機會，當我的社區有進行都市更新的想法時，我也聯絡了幾家建商，不少建商都說很樂意前來評估，但評估過後卻有不同的結果。

A建商：「我很願意衝著你的面子來協助社區進行都市更新，可是我有一個條件，那就是不能比案，只能由我來進行。」

B建商：「我實在很想協助你，可是經過試算了之後，覺得有些危險（即建商不一定能獲利），可能沒辦法參與。」

C建商：「教授，你知道太多的眉眉角角了，這……（言下之意是我會讓他們沒賺頭。）」

在建商紛紛表示意見後，看來找建商來協助是很難了。如果找不到合適的建商，還有別的方式可以進行都市更新嗎？當然有，那就是找「代理實施者」。

在建築經理公司黃小姐的協助下，業界頗具知名度的L營造願意當代理實施者，也準備了許多資料，在第二次說明會上做簡報。

L營造的專業就是「蓋房子」，過去都是建商接案後，發包給營造廠，近來因爲都市更新的契機，讓L營造也開始思考作爲代理實施者自行接案的可能性。

「我們很樂意協助貴社區都市更新，不過希望貴社區先進行整合，在整合到八成住戶都簽訂同意書之後，我們就會再接手後續的部分。」前來簡報的是L營造的總經理，很專業的將社區未來的規畫做了說明，前提是我們住戶必須先整合才行。

其實，在多數都市更新案件中，「整合階段」是最重要，也是最難突破的。由建商主導時，固然建商會想辦法來進行整合，但也會讓住戶覺得「不關我的事」，甚至有整合多年無望導致破局的情形。因此，我認爲既然是自己的社區住家要更新，無論是由誰來主導，住戶都要積極參與、表達意見。

如果住戶完全不參加任何會議，以為這樣就可以抗拒都更，反而本末倒置，應該是要來、要聽、要了解之後，再來表達同意或不同意，千萬別在不了解的情況下就持反對意見。

都市更新是個大潮流，當整個社會的環境需要、大多數人都希望搭上都市更新列車，這個潮流是擋不住的。所以與其抗拒，不如參加社區都市更新的會議，說出你的想法和建議，幫自己及社區爭取應有的權益。

張教授真心教室

說明會與公聽會大不同

一旦社區開始啟動都更，就不難發現大大小小的說明會、公聽會將一一舉辦。說明會和公聽會到底有什麼不同？每一場都要參加嗎？在此先簡略的說明：沒有法定程序的稱為「說明會」，有法定程序的稱為「公聽會」。換句話說，在說明會上所說的提議或內容，是不需要提報給政府看的；而公聽會則具有一定的法律效力，因此舉辦前要貼公告說明，會議進行時也需要做會議紀錄，並將報告提交給市政府。也就是說，在說明會上簽名並不具法律效力，頂多就是參與人數的統計而已。

雖然說明會和公聽會大不相同，我仍然建議大家無論是說明會或公聽會，甚至在後續會議討論會涉及住戶表決，更是要抽空出席，以維護自身的權益。

實際坪數要確認，以免造成糾紛

夜晚，燈火通明的會議室已經坐滿了人。

接下來，有十分重要的說明即將進行。社區住戶們莫不期待代理實施者發給大家的更新後坪數表。

都更很難在最初就取得多數住戶的同意書，我的木柵第一屋也是如此。即使社區住戶的同意書尚未達到八成，都更的腳步仍然繼續前進著。

這天，L營造帶來了估價師初步計算之後的結果。由於每戶的計算方式與結果皆不相同，再加上考量到各住戶的隱私，因此L營造並未公開所有住戶在都市更新後的坪數，所以大家手上所拿到的，都是自己家的資料。

當晚的重頭戲，當然就是住戶們看到都市更新後的自家坪數資料。在建築師的初步規畫下，更新後的社區預計規畫爲地上十九樓，地下三樓，公共設施占二八．九%，並預估以每坪五十二萬元、每個車位兩百萬元的方式計算。

主席見大家默默看著資料沒說話，就請我來解釋更新前後的差異。

「各位，以我自己的住家爲例，更新前的室內面積是三十一．八八坪，根據估價師初步估算每坪三十．八萬元，土地權利價値是一千兩百三十二萬，更新後可分配到的樓地板面積是四十二．二坪，外加一個停車位，換算更新後的權益價値爲兩千三百八十四萬，比更新前多出了一千萬以上。」我用最白話的方式說明。

說得簡單一點，更新後我家可分配到的樓地板面積爲四十二．二坪，扣除二八．九%的公設後，室內面積爲三十坪，與更新前的室內坪數差異不大。

都更小辭典

產權登記面積（產權坪）

一般建物在產權登記的面積稱之為「產權坪」，包括主建物面積（即室內坪）、附屬建物（即陽台、花台面積）及公共設施面積（包括梯廳、屋突、地下室等，以持分方式計算），車位可能有單獨權狀或合併在公設內，但也有加注車位位置編號，算是公共設施建物（例如管理室）持分登記，而上述面積加總就是產權坪。公設比則是指「公設面積÷（主建物面積＋附屬建物面積＋公設面積）」，目前大樓建物公設比約三十%到四十%。

張教授真心教室

一坪換一坪，怎麼換要問清楚

老舊公寓幾乎沒有公設，說三十坪就是三十坪。更新之後，雖然說會給三十五坪，但扣掉一些公共設施（目前大樓建物公設比約三十％到四十％）之後，室內面積就減少了，如果又扣掉停車位，真正可使用到的室內坪數就更小了。

為了避免這個問題，住戶一定要對坪數的認定問個清楚。例如建商說會給你同樣的坪數，就必須搞清楚對方給的到底是室內坪數，或是產權登記坪數，還有停車位的坪數又該如何計算。

同樣是三十坪，室內坪數和產權登記坪數就有很大的落差。雖然更新後不一定可以換到一樣的室內坪數（以我家為例，大約少掉一坪多），但如果落差太大，住戶也無法接受。所以強烈建議大家，一定要確認所謂的坪數，以免日後造成糾紛。

都更文件何其多，聰明簽字不怕受騙

住戶們一聽到要簽字，大都抱持著擔心、害怕的心理，但如果大家都不簽字表態，都更便很難繼續下去。最好的方式就是了解都更所會使用到的各項表格，即可避免莫名的不安。

在都更中，同意書是用來表達地主是否同意都市更新事業進行的文件。而在都市更新條例中，則有兩份同意書，一是都市更新「事業概要」同意書，二是都市更新「事業計畫」同意書。

都市更新事業概要同意書

這兩份同意書形式上很像，在表格上只有標題不同，內容不外乎都是地主目前持有的產權資料。唯一的差別是，事業概要同意書所同意的是更新事業案的推動，因為屬於概要階段，所以只要十分之一的人同意，就表示同意可以啓動更新事業了。

在這一個階段，建築規畫設計的內容及分配其實都還不是很清楚，同意這份事業概要同意書，並不等於同意了更新事業計畫的完整內容及權利分配，所以無須太過擔心，只要你同意更新，就可以簽名無妨。

都市更新事業計畫同意書

而都市更新事業計畫同意書，主要是同意實施者所規畫的容積獎勵爭取、建築規畫設計內容及財務計畫等。

此一階段的同意，必須取得多數決（同意比例依都更條例第二十二條或二十五之一條而定），住戶在簽名前一定要了解實施者所提的建築規畫產品，是否符合自己需要（可能自住或出售再另地購屋等）後再簽名。如果弄不清楚實施者講的內容，可以要求實施者提供都市更新事業計畫書送件版，作為同意書同意的附件。因為這份計畫書不僅是建商送市府的內容，也是住戶們更新事業同意書所同意的內容。

然而，在簽同意書的過程中，計畫內容不見得都已經完成，因此建議住戶們至少可以要求更新事業摘要版，其內容包括更新單元範圍、爭取容積獎勵額度、建築規畫內容（量體、結構、配置等）、拆遷安置計畫及財務計畫等。當然，也可以考量把初步協議分配原則納入，但這不屬於更新事業計畫的內容。

更新後的住家分配，稱爲「權利分配」（詳細內容見〈第八課〉）。權利分配需依權利變換方式或協議合建方式來進行分配，採取權利變換分配者，有權利變換分配申請書，如與建商協議合建者，則會有協議合建契約書。

權利變換分配申請書

在權利變換分配期間，地主需向實施者表示分配建物位置的意願，如不表示意見，則期間過後會由實施者以公開抽籤的方式來分配。當然，能夠選擇自己喜歡的位置及產品是最好的，所以千萬不要讓自己的權益睡著了。

雖然權利變換計畫已載明了分配內容，然而並沒有講清楚實務上實施者與地主間的一些關係。因此，也會有實施者會拿出一份「權利變換協議書」作爲補充雙方合作關係不清楚的地方。特別是代理實施者，其身分是代替地主們作實施者，因此也必須先講清楚某些權利義務關係才是。

與建商的協議合建契約書

如果採取的是與建商協議合建，會有協議合建契約書，來簽定自己與實施者間所約定的分配原則，甚至要分配的位置、面積大小、相關權益及義務等都會寫在裡面，因個案不同，地主自己權益不同，所以協議的結果也會不同。要注意的是，不少實施者會在整合期間拿出協議書要求地主簽署，再附帶同意更新事業同意書等法定文件，變成另一種操作模式。這時，地主到底要如何做才能不受騙？

其實，如果地主認為協議內容中關於自己的權益都很清楚，也有所保障，是可以繼續進行下去的。如果這份協議書內容模糊不清楚，則建議不急著簽署，反而要請實施者按正規的方式進行，先同意事業概要同意書，讓實施者可以放心先進行更新規畫，等了解更新規畫內容及價值分配狀況後，再同意更新事業計畫同意書，並完成協議分配或是權利變換分配，則更有利於更新事業的推動。

然而，許多地主在實施者前來談都更時，就先急著問自己可以分多少，而不關心更新後的整體規畫設計，使得實施者全然以利益為考量，忽略了對環境品質的提升，甚至無法成就此一更新案。建議住戶們可以先討論更新後整體的規畫設計是否符合自己需要，並了解更新前後的價值及財務情形，才能估算出自己應該可以分多少，以理性的思維去面對都更的操作。

張教授真心教室

弄清楚內容再簽名，不必過度排斥

媒體報導某些不當商人誤導地主簽名，讓地主損失極大權益。消息一公布，許多人在都更說明會上一聽到要簽名，就退避三舍，甚至連出席簽到都有人會擔心，更別說簽同意書了。

在都市更新中，第一張同意書通常是了解住戶對都更的想法（如贊不贊成都更），假如連這一份同意書都沒人敢簽，那麼都更是走不下去的。

在更新單元內，只要土地及私有合法建築面積及其所有權人十分之一以上同意，就可以擬寫都市更新事業概要，並向政府提出申請核准。但如果你並不贊成更新，也不需要此時就跑去抗議，只需讓實施者知道你的意願即可。

我認為在簽同意書時不必過度排斥，但也不能隨意簽署，要認清定所簽定的文件內容，在法律上或執行程序上的效力後再簽名。如果還是很擔心簽同意書會被騙，可以檢視以下兩個部分：

❶簽署文件名稱：看清楚這份文件的名稱再簽名。

❷閱讀文件內容：每一份文件都有相關內容，如果有不懂的地方，應盡量提出。

如果還是不放心，也可電詢市政府都更處相關人員。

最關鍵的一張同意書是都市更新事業計畫同意書，這張同意書的同意人數如達法定門檻，等同取得都市更新開發權，因此在簽名前務必看清內容，同意再簽名。

專戶、信託雙管齊下，確保錢不被騙走

都市更新需要很多錢，如果找建商合建，自己不需要先出錢，卻不曉得會不會被建商A？如果不找建商合建，住戶又要擔心如何不讓錢被有心人A走？

其實，豈止是住戶，貸款銀行也會擔心錢還不還得回來的問題。以下有兩個方式，可確保在都市更新期間，不必擔心錢被騙走或不當使用。

專案專戶，錢只用在更新

更新過程中，最怕的就是那些重建的錢會不會被騙走。而那些錢可能是地主自己出的錢，或是拿自己的土地去抵押設定的錢。

在都更期間，必須就該更新案設置一專戶，專門處理更新重建的經費。一般專戶都是設置在融資銀行裡，正如前面所述，融資銀行為了不使自己的債權落到第二順位，在評估更新後的房地價值足夠擔保債權的前提之下，都會要求借新還舊。但那些重建的錢若是落在建商手上或特定人士手上，則要擔心他們會不會挪用公款，使得更新案無法進行下去，造成每一住戶不僅沒有房子，還要承擔增加設定在自己土地下的抵押債務。

因此，專案專戶設置是有必要的，而這個專戶是「過水」的性質，除了自備款之外，也會盡量讓這個專戶在花用都更費用上是「過水不過夜」——即當有更新費用要支出時，首先由實施者提出申請，接著由融資銀行（自行查核或透過建築經理公司營建工程查核）經確認有該筆費用支付必要時，再將所需借款金額撥入專戶，然後撥付給所需廠商，這就是過水不過夜的做法。

這些錢既不會直接進到實施者口袋裡，也不會落入特定人士手中，而是付給依合約完成工作的廠商（包括營造廠、專業顧問等）。當更新專案執行到一半，出現建商、代理實施者或更新會成員有其他財務上的問題時，也不會查封到這個專戶，因為該專戶並不屬於任何一個法人或個人，而是屬於專案。

再者，若實施者真的執行有問題時，在管轄縣市政府監督下，會要求實施者限期改善，甚至是辦理接管的動作，務必使該更新案完成，而不致於造成樓蓋一半就蓋不下去，產生另一個不良資產的問題。

信託機制，協助都更不延誤

由於更新經費絕大部分、甚至全部是由融資銀行把錢拿出來借貸，所以銀行最在意的就是「債權確保」這件事。換言之，借出去的錢不但要能收回來，還要能賺取利息，這樣才算是一件好的融資案。

爲了使債權得以確保，銀行花很大力氣在進行徵信的工作，包括物的擔保、連帶保證、還款來源、繳息能力等，當一切都符合銀行的要求時，更新融資才有辦法順利的借出。

台灣目前已有土地信託的機制，所以銀行在出借資金的同時，除了土地抵押設定外，還會要求土地信託，其目的在於避免借款人有其他財務問題時，將該土地移轉而影響到銀行自身的債權。（更多內容請看〈第八課〉。）

細節也要弄清楚，別讓權益睡著了

除了上述五個權益外，還有一些不能忽略的事項，以下將一一說明。

價值認定

在權利變換下，建商與住戶之間的分配，會涉及到更新後房地的估價（詳見〈第八課〉）。由於更新後的房地如同預售屋般，並未發生眞正的成交行爲，所以價格的估算會建立在假設條件之下發生。然而，當假設條件不同或建商與住戶立場認知上不同時，都會造成更新後價格估算上的差距。爲了使價格估算上能符合市場認知，並維護住戶與建商之間的利益分配，除了建商找估價師外，住戶們也可以自己找估價師來檢視估價。

由於都市更新前後價值大不同，都需要透過估價來認定，因此如果認為價值估算不合理，一定要與實施者及估價師充分溝通。

張教授真心教室

別忽略找估價師的權益

一旦由建商當實施者，並決定以權利變換的分配方式進行，政府規定需要三位估價師來計算更新前後的價值。

建商通常都有熟悉的估價師，許多住戶因為平日鮮少接觸估價師，在這個部分就只好同意讓建商找建商熟悉的估價師估價。不過，建商當然也希望能夠拿到最大的利益，因為不少建商在找估價師時，會以比價的方式進行——誰估的價對建商最有利就找誰。這麼一來，就會侵占到地主的權益。

由於估價師十分專業，簽字具有法律效力，一旦估價師簽了字，就表示不可變動，雖然法律上規定需找三位估價師，但這麼重要的事情，如果都讓建商找，出錢的又是建商，難保不會出現「肥水不落建商田」的情形。因此，建議住戶們在尋找估價師時，至少有一位要由社區住戶找，等三位估價師都估出來後，再評估看看三位估價師在更新前、更新後價值上是否接近，如果有差異，大家也可再行討論。

產品規畫

更新後的房子如果是要自住的，那麼當然希望規畫後坪數大小、格局能符合自己的需求。然而實施者如爲建商，則主要考量仍是市場銷售爲主，以創造市場價值使自己利潤增加爲優先，因此容易造成產品規畫不符合住戶所需，或是造成負擔過重的現象。所以，在實施者做更新後的建築產品規畫設計時，一定要充分參與了解，並適時表達自己的需求，避免因產品規畫不符合自己所需而不願參與更新。

公設比重

更新後的產權坪可能因都更的獎勵而放大，但社區內過多的公設是否爲自己所需要，且公設比重高，相對的室內面積就會減少，因此在規畫設計時，也要對公設的配置及面積表示想法。

建材等級

建材等級的高低會影響到營造費用，然而有時受到物價波動的影響或建材停售等問題，而使實施者以「同級品」來代替原本設計的建材，因此在實施者提出建築設計時的建材，應清楚標明各種可能建材等級，非必要應避免使用同級品。

價差找補

無論是協議合建或權利變換的分配，多少會與實際興建的建物面積有所差距，因此價差是否找補還是依規定，住戶們必須先弄清楚狀況，特別是有「眞合建，假權變」的狀況下，合建免找補但權變上或許眞要補錢，是否要付錢，還是要弄清楚才是。

舊貸處理

現住的建物仍有貸款，在自力更新下，原銀行是否同意續貸，還是要借新還舊，更新後的房子是否有足夠的價值作擔保，未來要還款，每個月是否負擔得起，在整合規畫期間也要一併弄清楚。如果是由建商來蓋，雖然不至於要再借新貸款，但仍要考量新分配的房屋價值是否足以作舊貸的擔保。

搬遷補助

很多住戶最擔心的是更新期間自己住在外面的房租由誰付？更新期間無法做生意的營業損失由誰來負責？才剛裝潢房子的錢由誰來賠？這些當然可以和更新的實施者來談，但也要留意的是「羊毛出在羊身上」，現在雖然獲得很多補償，但未來分回的房子面積就可能會減少。

張教授真心教室

別因過度算計而失去美好的住家生活

都更走到現在，已經變成了利益導向，建商總在盤算如何賺最多，住戶總是想著怎麼分最多，大家都忽略了都更成功的關鍵應該是住戶想要改變住家環境的需求，想要讓未來住家生活比現在更美好、更舒適的集體意識。

一件事的出發點不同，考慮的面向也不同，都更對於住戶的影響極大，當然不能不算計。但如果過度算計自己的利益，建商也不是省油的燈，今天住戶在某個地方算計，難保明天建商不會想辦法從別的地方挖回來。

但假如住戶的出發點是為了未來更美好的居家生活，並且體認到自己也需要拿出一些金錢來改善居住環境，而不是只想享受白吃的午餐，一切將會不同。當大家都只是一味的追求高利益，很容易出現「利益談不攏就沒了」的情形，或是演變成地段不夠好就無法更新的困境時，反而因小失大，情何以堪？

張教授與都更顧問建經公司對談

對談者：中華建築經理公司　李建興經理
黃雅盈總經理特別助理

主題1：尋找代理實施者的過程
主題2：建築經理公司的定位

張：請問你們為什麼願意接我木柵第一屋的更新案？

黃：在我拿到時這個案子，有研究了一下，公司也認為這個案子應該有七成到九成的機會可以做，加上台北市政府祭出老舊公寓更新專案，所以就接下了。

張：那麼，你們當初是怎麼評估可以接的呢？

黃：其實，如果以目前的售價來說，可能沒有辦法完全分回，但如果還差二到四坪，住戶或許應該可以接受。假設將來的售價更高，說不定還可以達到一坪換一坪的需求——這些都是以台北市老舊公寓更新方案的方式來算的，未來如果有改變，還是有可能無法做到一坪換一坪。

張：這個案子到目前為止，已經進行了四次以上的會議了，現在你覺得這個案子的情況、進度如何？

黃：剛開始，聚集住戶是最困難的，幸好有多位老師的熱心協助，雖然住戶來得不算多，但起碼都是正面的，加上我們找的代理實施者是L營造，它雖然是營造廠，不過對於建設及都更這一塊了解的程度很高。我們也建議L營造找估價師估價，讓這個案子更具象化，具象化之後還要對住戶解釋，讓住戶願意簽同意書……雖然還有很多過程，但從一開始到現在，我們發現住戶至少還算支持，接下來就看簽同意書的多寡了。根據以前的經驗，同意書要簽到七成較容易，要簽到八成就比較難了。

張：我很好奇為什麼要找代理實施者，以及為什麼會找L營造？

李：剛開始也有找很多家建商，像是元X、冠X、昇X、將X、國X、達X，但是建商有各自的因素而沒有承接，再加上利潤的問題，我們判斷找代理實施者是比較可行的方法。

張：我記得將X的老闆原本是想將這個案子當成他們的範例，一開始時是願意接的，後來下面的人評估不會賺，不支持老闆接這個案子，所以老闆最後也選擇放棄。

黃：因為建商還是會用過去合建的想法來看這個案子，覺得只要無法一坪換一坪，住戶就不會同意，所以也就比較退卻。至於選擇代理實施者時，我們會根據社區的地區性、地域性、住戶特質來選擇，而我們認為L營造的特質跟這個社區比較相近，在溝通上會比較容易，加上該公司夠大，組織也沒有問題，所以便前去詢問他們的意願。剛開始，他們也會擔心不能一坪換一坪，住戶會不同意，後來我建議他們先做簡報，看看住戶的反應再說。

張：我也覺得以住戶為主的代理實施者更新模式，是一種值得推行的方法。但你們是建築經理公司，在都更這件事情上，要如何定位你們的角色呢？你們的利潤又在哪裡呢？

李：我們建築經理公司會針對都更提供專業的資訊，在客戶（住戶及建商、營造廠）之間扮演一個溝通協調的角色，同時也協助監督管理。此外，當辦理銀行融資時，需要一個專業的機構來協助資金控管。所以我們的角色在都更前期是顧問，在執行期間是監督管理的角色，讓案子可以順利完成。至於我們的費用則是列在共同負擔中，當然也有先收的，要看個案的情況而定。

張：我也認同服務是有價值的，所以我支持先收取一些費用，而不是抱著「都更不花一毛錢」的心態。不過我也好奇，如果今天找來營造廠當代理實施者，那麼發包、材料費用也都是營造廠在報價，如果有報價不實，你們建經公司要如何控管？

李：目前台北市在營造費用方面有一定的標準，如果單價提高，必須要在審查會上提出原因，讓審查委員來評估；日後也可以採取公開發包，但代理實施者可優先議價（前提是同等級材料）。

張：到目前為止，我們這個社區需要突破的點是什麼？

黃：我想有兩個，一個是坪數問題，另一個是找不到住戶。尤其找不到住戶就不曉得對方的想法，也沒辦法溝通，不清楚他們的意願，這部分就要慢慢的突破。還有就是角色的問題，比如我們不可能把所有住戶都當成聯絡人，而開會時就有住戶質疑聯絡人算不算委員？聯絡人的身分和合法性如何？

張：我們還需要組織都市更新會嗎？

李：如果是代理實施者，就不需要成立都市更新會，在台北市代理實施者的地位已經被確定，所以住戶就不需要成立必須立案的都市更新會，而是成立一個沒有法定地位，可協助住戶進行監督、協助推動的委員會即可。未來L營造如果拿到百分之八十以上的同意書，就可以召開住戶大會，推選住戶成立委員會，做為「決策中心」，成為住戶間溝通的橋梁，協助決定議價，及後續資金的管理等。

張：我想都更是一件很複雜的事情，不管是找建商或代理實施者，充分運用建經公司的顧問特質是很不錯的。問題是，最近瓏山林的事件，讓住戶對顧問角色、建經公司也怕怕的，而有些人表面上是顧問，實際上是掮客，這一點你們怎麼看？

李：我們在說明會上也曾經被住戶問過類似的問題。每家建築經理公司的業務不一定相同，唯一的共通點是，傳統正牌的建經公司背後都有銀行投資（從百分之三十到百分之百都有），這部分上網查就能查到。此外，我認為顧問應該是全方位的，從前期法令的了解，到協助融資、稅務等，有專業有經驗的顧問，是可以全面協助住戶的。

第三課

都更的意願，這樣確定

住户甲：今天有人在樓下貼都更說明會的傳單耶！你們有看到嗎？

住户乙：我有看到，不過到底是誰貼的？

住户丙：一定是建商，想賺錢。

住户甲：不是喔，我看發起人是一家顧問公司。

住户丁：管他是誰，房子住得好好的，幹嘛都更？

住户乙：可是我覺得房子也舊了，一下這個壞、一下那邊漏，修都修到煩！

住户丙：聽說都更很麻煩，我們這邊又有這麼多一樓，很難都更啦！

建　商：不是一樓多就難都更，還是要談了才知道！

一般需要更新的住宅，大部分都是因爲住宅在實質面上出了問題（如結構毀損、老舊不堪），所以有更新的需求。此外，像是經濟上的誘因（如更新後屋價變高，政府提供容積獎勵，可以一坪換一坪），也會讓住戶浮現更新的念頭。

要不要都更？先思考兩大角度

目前，政府針對老舊公寓更新方案的第一要件即：屋齡達三十年。而我的木柵第一屋屋齡三十年，剛好符合更新的條件之一。不過，三十年屋齡這件事並非我考慮是否都更的重點。我所思考的，是「目前的困境」與「未來的好處」兩個角度。

目前的困境是否可以解決？

在「目前的困境」這一項，我看到的是：

❶ **停車問題**：老舊公寓並未設置停車場，每次我要到木柵第一屋時，就要花上很多時間找停車位，十分頭大。

❷**地下室問題：**鮮少公寓有地下室，剛好我所住的這一棟有，由於住戶大多非自住（只有一、五樓自住，其他都租給房客），地下室並沒有人管理，儼然成爲堆雜物、養蚊子的場所。

❸**門禁管理：**老舊公寓沒有門禁管理，安全性需要考量。

❹**設施管理：**老舊公寓的公共設施壞了、舊了也不一定有人願意維護修理，必須靠住戶自覺，像我太太就曾經自己粉刷樓梯間牆面和大門。

❺**管線問題：**老舊公寓管線老舊，造成漏水、壁癌等問題，雖然可以拉明管，但對於公寓的外觀也會造成一定的影響。

❻**突發問題：**老舊公寓不定時會出現一些突發狀況，讓人意想不到。有一次，我將房子借給從國外回來的友人住，友人入住的第一天，就發生熱水器掉下來、將下方新裝好的水管砸破，強大的水流也流到樓下住戶，造成樓下住家出現小瀑布的狀況。最後我半夜十二點接到友人電話，在電話中教友人如何關掉水源，才結束這場意外。

未來的好處是否會讓整體提升？

在「未來的好處」這一項，我看到的是：

❶**社區的整體舒適性：**更新之後，有電梯、停車場，再也不必提著重物走樓梯，也無須擔心找不到車位。

❷**管理的安全度：**更新後的社區，會有物業管理人員進駐，又有保全，出入較安全。

❸**房價的提升：**以我住的社區來看，更新之後的價格比更新前要多出一倍，差異不算小。

❹**新制度的獎勵較高：**相對於過去的都市更新方案，台北市政府祭出的「老舊公寓更新專案」，給予的獎勵較高，也提高了居民更新的意願。

由於我和家人並沒有住在木柵第一屋內，目前的困境對我們家來說並不會造成很大的困擾，但和未來的好處相比較時，就會發現：更新後的房子住起來比較舒服，如果不自住，將來賣掉的房價會比現在還要高。基於上述兩點，我太太十分贊成參與更新，再加上我的實驗精神使然，我們最終選擇了參與都更。

從四大面向檢視，你家是否要更新？

你是否發現，越來越多大馬路旁的公寓空無一人，水泥牆也漆上「都市更新」四個字？如果你家也有人來談都更，到底要不要同意？以下有四個面向，提供給讀者做參考。

從建築實質面 check

目前，台北市劃定更新單元指標中，明白列出「屋齡三十年」的條件。看到這個數字，我不禁回想起昔日在費城念書所租的房子，雖然是上百年的木造屋，但因爲有專業的物業管理公司在管理，且每年都有安全檢查，所以房子依然維護得很好。

反觀台灣，因爲早期施工品質較不理想，加上早期建築法規在防震、防火、結構、設備等部分均不足，無論是外觀或安全性，都有待加強。因此，我們需要從建築實質面來確認住家是否安全，而這也是是否需要進行都更的一大關鍵。

❶關於結構部分

□是否爲防火建材

□結構上是否已有毀損情形（例如地震、高氯離子的海砂屋、輻射屋或承重不足）等。

這些，都可以透過土木技師或結構技師等相關專業人員判定。

❷關於建築外觀與室內情況

□有漏水現象

□有鋼筋外露現象

□有水泥塊剝落

雖說外觀問題比較不會成爲都更的關鍵，但像是突發的漏水問題，如果處理不當，卻很容易造成鄰居之間的不愉快，弱化社區意識，讓住宅品質日益惡化。

從社區環境面check

社區環境面可分爲外部環境與內部環境兩方面。

❶外部環境

□公共設施不足或未開闢

□道路狹小彎曲，僅機車或一輛汽車可通行，以致於救災車輛（消防、救護車等）無法進入社區。

□社區吵雜髒亂

❷內部環境

□黑道介入管理

□鄰居公共道德意識不夠，造成公共空間髒亂或擾鄰

□鄰居間意見不同，反目成仇

根據調查研究發現，國內住戶平均十年換一次房子，原因除了房子住久了問題多，也有朋友是因爲開社區會議時，發現大家對於社區維修的意見不合，造成決議及維護上的困擾，乾脆搬家換新屋。

從建築使用面 check

很多人在購買公寓之初，身體健康狀況還不錯，爬樓梯不成問題。隨著年齡越來越高，膝蓋或心臟不好的住戶在爬樓梯時，身體就會感到不舒服，如果手提重物又要爬樓梯，更是痛苦。

除了沒有電梯，環境吵雜、居住面積太小、沒有停車位等，也是老舊公寓不便的地方。尤其是停車問題，更是許多有車階級的困擾，像我就曾經聽過有朋友誇張的說找到停車位可以高興一整天，也聽過有人爲了在公司附近找停車位，六點就開車出門，可見在停車位不足的區域，停車還眞是個急待解決的問題！

針對電梯問題，目前政府也有老舊公寓安裝氣壓式電梯的補助方案，然而，眞正申請的社區並不多，原因除了容積不足以安裝電梯外，社區無法達成共識更是首要關鍵。有句話說「買房容易住房難」，看來社區鄰里的相處，也是影響社區品質良莠的重要因素。

從房價經濟面 check

同樣的地段，新成屋和老舊公寓的價格相差甚遠，某些區域新舊屋價差甚至有兩倍之多。尤其當房價越炒越高時，「老舊房屋更新後可以賺大錢」的議題就越來越受到矚目。看起來，周圍新成屋的銷售價比自己居住的房屋貴，感覺更新後的確可以賺錢，不過請注意，其中還是有値得待商榷的地方。

第一個問題就是在更新重建時，需要營建成本（目前一坪約七到十萬左右，要看結構、樓層、建材等）。另外，找建商來蓋房子，則要付風險管理費（一般表列費用的十到十二％），還不包括其他成本。俗話說「羊毛出在羊身上」，從建商的角度來看，當然要在不虧錢的情況下，才願意進行。

在北部，或許是因爲房價較高（平均房價五十萬元／坪）、營建成本相對較低的情況下，有機會轉賣新屋賺一筆。但若想自住，重點就要放在居住面積大小和環境舒適度。由於不可能在短期之內就轉手賣，所以賺錢只是帳面上的「賺」而已。在南部，因爲房價與營建成本較爲接近的緣故，有時連居民自己出錢，都不見得能夠眞的賺到錢。

張教授真心教室

合理的遊戲規則，有利於加速都市更新

在「都更產生正面外部性」的前提下，對都市整體影響越大的老舊建築物，就越容易獲得優先獎勵，以致於產生都更遊戲規則不夠合理的現象。

舉例來說，你是否發現目前都更成功的地點，大都在大安區、信義區等房價較高的區域？而真的很老舊的地區，如萬華龍山區，卻因為「非最重要地段」，反倒無法加速更新。原本立意良好的都市更新，到頭來變成讓有錢的地區拚命更新，沒錢的地區越來越舊，不但沒有雪中送炭，倒有錦上添花之感，相信不是大家所樂見的。

因此，都更所產生的外部性有些是可以透過「市場機制」來解決，而不需提供過多的獎勵誘因；反之，市場機制不足之處，政府才需要提供較多的獎勵誘因，以加速都市更新。

掌握三大重點，從各種角度認識都市更新

相信大家都有這樣的經驗：一套沙發用久了，難免會有些破舊，也影響了客廳的美感，這時我們就會考慮是否要重新購買新沙發，或是找人來修補。

都更也有異曲同工之妙。當都市中的建築物越來越老舊、髒亂，外表不佳或建築物內部有危險時，影響到都市的整體觀感與機能，此時就是都更的最佳時機。不過，並不是每一棟老舊公寓都可以申請都更。在都更的相關法令中，位於「都市計畫」範圍內的老舊建築物，才是都市更新的首要目標。

都市更新的理由

提到都更，大家所想到的多半是將住宅拆掉重建，而不考慮整建維護，但這樣的想法是正確的嗎？我的想法是，都市更新不一定要拆除重建，有時整建維護反而比重建還要適當。

一個都市是由不同的社區、建築物所組合而成的，當建築物老舊不堪，讓周圍的居住環境變差、髒亂，公共安全系統不佳，就會影響到房屋的價值，連帶還會影響到稅收，我們稱之爲「住宅本身對環境產生外部性的不良（負面）影響」。相對的，當都市內的建築物外形美觀、社區乾淨整齊，行人走過都覺得很舒服，就能夠整體提升都市的價值，即是「住宅本身對環境產生外部性的良性（正面）影響」。

有鑑於目前都市許多建築物都對環境產生外部性的不良影響，在屋主雖然想改善，卻無力改善的情況下，政府提出都市更新的獎勵誘因，希望帶動老屋的重建、整建維護更快，讓住宅本身的改善來讓都市整體更好。

都市更新的處理方式

都市更新的處理方式可分成重建、整建及維護三種方式。

重建

「重建」指的是將原有的建築物拆除後重蓋，除了可以變更土地使用性質與使用強度外，還能改善區內公共設施、環境，解決老舊建築結構上的缺點。

整建

「整建」指的是透過工程施工方式，進行改建、修建建築物或充實其設備，並改善區內公共設施。一般都是針對建築的外觀及更換老舊設備，例如牆面整修換磁磚、汰換老舊管線，還有建物與公共空間介面的處理等（如建物前的排水溝蓋等）。

在整建的項目中，又以俗稱「拉皮」（建築物外觀的整理）的項目最受到重視。由於建物大多是以鋼筋混凝土爲主要結構，混凝土的顏色灰灰的，很不美觀，所以都會貼上磁磚來美化建築物。然而，磁磚長期經過風吹雨打，總會發生剝落的現象，因此拉皮就是把老舊的磁磚打掉，重新貼上新的磁磚。而這樣的過程屬於整建，不能算是重建。此外，增加電梯也是在不影響建築物主結構之下進行安裝，僅僅是充實建築物的設備，因此也不算是重建，而是整建。

維護

維護是指透過簡易的清理維護，改善區內公共設施，以保持其良好狀況。例如巷道路燈、街道家具、樓梯間堆放雜物的清理、粉刷牆面、清理公共空間等。一般來說，整建與維護常常併在一起處理，較少分開來做，而且也能夠申請補助。

都市更新的處理方式

項目	重建	整建	維護
定義	拆除原建築物，並蓋成新的建築物	將建築物的內部或外部進行修建、改建或充實設備如： ＊牆面整修、換磁磚 ＊汰換老舊管線 ＊汰換排水溝蓋 ＊安裝電梯	加強更新範圍內的環境清理與改善及建築管理，如： ＊社區環境與街道的改善 ＊樓梯間雜物的清理 ＊粉刷牆面 ＊公共空間的清理
優點	社區環境大幅改善、社區安全性提高。	花一點時間透過部分工程施工，就可讓老舊建築物有煥然一新的感覺，且可能不涉及住戶搬遷安置。	在最短時間內透過清理維護達到社區環境清潔與建築物內部的美觀，且不影響住戶搬遷與居住。
缺點	勞師動眾、時間長、有可能搬不回去、重建費用高等。	無法解決建築結構安全，整體社區公設不足或道路寬度不足等問題。沒有建築容積獎勵。	只能解決建物社區表面老舊髒亂問題，無法解決建物與社區環境結構性的根本問題。沒有建築容積獎勵。
參考資料	都市更新條例	建築法第九條	建築法第九條

如果現有建物仍存在，甚至都還有人居住在裡面，範圍內的私有土地及合法建物所有權人可以共同決定是否要辦理都市更新，等同意之後，再決定都市更新的處理方式是重建或整建維護。這部分一般可以透過召開住戶大會，或是以書面意願調查方式來進行。

都市更新的做法評估

究竟要拆除重建或整建維護，可以從以下幾個方向來評估。

從安全性評估

如果建築物本身結構是安全的，只是外觀及管線老舊，在無需重建的情況下，整建維護就是一個很好的選項。一般而言，這樣的更新時程較短，不會影響現有的產權情況及居住面積的大小，而現有住戶也不需要搬出去住。

從永續發展評估

一旦決定採用整建維護的方法，要考慮的是整建維護後的房子可以撐多久？當然，結構安全的建築不見得需要重建，使用機能上的不足，也可以透過整建來做些調整。但若是原有的居住使用面積過小，光靠整建是沒有辦法把房子變大的。

從歷史紋理評估

老房子的好處，在於它保留了興建時期的建築風格，以及原本巷弄空間的特色。但由於都更給予了容積獎勵，使得目前新蓋的建築物都比較偏好興建高樓，而失去了原有的歷史特色。因此，整建時除了調整建物的使用內容形態，更換一些老舊不堪使用的設備，重新把空間再調整利用之外，還可以保有原本的建築風格與街巷紋理，以及傳統的人情味與記憶。

從財務條件評估

房子老舊時，無論是要進行重建型的更新，或是整建維護型的更新（如有影響到居住便利性時），住戶都需要暫時搬出去住。這時要考慮的是搬遷成本，以及暫居的地方是否會造成生活上的不便。再者，更新需要投入成本，即使政府有補助，但金額有限，居民仍要自己出資。這時則需要考慮是否容易集資，或是由管委會代爲收費等。至於重建，要支出的費用更是龐大，財務上的負擔能力更需要考慮，如果自己出一些錢，能達到眞正提升居住環境，讓未來住宅的價值提高，也是值得認同的更新方式。

張教授真心教室

自己的家，當然要自己維護

相較於拆除重建，整建維護的費用較低，又能讓住宅達到一定程度的改善，可說是「小小的改變，就有大大的回收」。由於不需要搬離家園，沒有時間成本的風險，未來的確定性也高，成功度也會比重建來得高。目前，申請政府補助進行整建維護的案子越來越多，但並非每一件都可以通過，主要的關鍵有兩個：一個是個案所產生「外部性」效果，另一個關鍵則在於「公共利益」。

公共利益指的是為了大衆利益目的而進行。假如申請補助的項目是個人的廁所漏水，那麼就是私利而非公共利益。即使是公共利益，在審查補助順序時，也會以「對環境外部性公共利益最大的優先補助」。例如同樣是拉皮，在巷弄內的社區申請拉皮補助的機會，就會排在位於重要馬路的社區之後。

此外，某些看似與公共利益相關的事情，在經過仔細分析之後，有時並不那麼與公共利益息息相關。舉例來說，目前有很多舊公寓頂樓的水塔是以水泥為材料，有住戶擔心萬一水塔老舊又有裂痕，一旦遇到強震讓裂痕擴大，將會出現水淹住宅的危險情況，因此申請整建補助，希望能將舊水泥水塔拆除，改成安全性較高的鋁合金水塔。

「更新舊水泥水塔」這件事，的確有其安全性的考量，也有必要性，看起來似乎是全社區的公共利益。但如果從另一個角度來看，它也可說是社區居民本來就要進行的「私事」。基於「自己的家本該自己維護」的想法來思考，就會明白有些重要的事未必要等政府補助才能進行，而是社區本身就可以自己動起來做。

都更小辭典

都市更新

「都市更新」是指按照都市更新條例的程序，在都市計畫範圍內，實施重建、整建或維護措施。換言之，如果是非都市計畫範圍，那麼是無法依都市更新條例規定來辦理都市更新的。但若是都市計畫範圍內的農業區，按法令的規定，則是可以辦都市更新的。

想都更，你的社區會成功嗎？

都更的時程快則三年，慢的話可能會拖到十年以上。以下是根據之前都市更新的案子所整合的經驗，讀者可以先感受看看你的社區是否具有都更成功的特質。

都市更新成功的原因

社區需要重建

「安全」是居住的首要考量，一旦發現住宅安全有疑慮，住戶都更的意願也會提高。此外，如果房子住起來不舒服，也會提高住戶進行都更的意願。

❶從建物實體面來觀察：例如鋼筋外露、結構受損、承重不足，已是海砂屋、鋼筋輻射屋等，可請專業的結構、土木技師來判斷。

❷從居住舒適度來看：居住面積太小，與鄰居共用廁所、沒有電梯、會漏水等。

鄰居間感情好

如果社區鄰居間平常互有往來，或是就算不知道鄰居叫什麼名字，但看到都會打招呼，表示社區的住戶比較不冷漠，參與說明會的意願也會提高。

假如社區已組成管理委員會，平常就會舉辦聯誼活動，或是就公共事務召開會議研商討論，與鄰居之間感情算是不錯，這樣的社區在開會討論更新時，比較能有共識。也會顧及鄰居長年的友誼，而願意投入更新。

有熱心公益的領頭羊

更新事務十分繁雜，無論是自己辦理更新，還是委託建商辦理，都有許多程序要進行，如果沒有熱心的領頭羊帶領大家走更新的程序，大家各忙各的，自然不會想要更新。相對的，如果社區中有願意主動協助大家辦理更新的熱心人士，而且還是受到住戶信任的人，更新的腳步就會比較順利。

住戶意願一致

都市更新條例於一九九八年通過，次年就發生了「九二一大地震」。於是，在九二一受災戶的共患難、共重生、共成長情感下，完成了許多都市更新成功的案例。

和其他都更案相比，九二一集合住宅重建成功的比例非常高，最主要的原因在於整合的速度比一般住宅要來得快上數倍。從過去都更完成的案例來看，一般都市更新案（以台北市、新北市已經完成的案例進行統計，共計八十件）在整合期間（以劃定更新單元或申請概要為起始日，以申請都市更新事業計畫為終止日）平均需要三年九個月，九二一因為情況特殊，加上大部分都有臨門方案協助，而加速了整合期，平均只要一年左右的時間就完成了（共計七十二件）。

雖然九二一住宅重建的經驗與一般住宅更新不同，無可厚非的，整合的確是成功的致勝關鍵，整合越快表示住戶意願越一致，當然也有利於後續各個流程的進行。

房地產景氣上揚

當房地產的景氣開始上揚時，因為預期未來的景氣好轉，加上政府提供的各式獎勵，願意投入都市更新的建商也會跟著變多，進而加速都市更新的腳步。由於建商積極的投入，造成非必要都更、但地價高的地段較易更新成功，而地價低、需要都更的地區就乏人問津，與都更的本意有些矛盾，值得我們思考。

都市更新失敗的原因

相反的，談很久卻遲遲無法更新成功的社區則有以下特質。

不願意出錢

社區裡每戶的經濟狀況都不一樣，有些人有穩定收入，有些人還在背負貸款，收入也不高。在房價高的地區，不用花一毛錢或許就可以進行更新，甚至還能賺錢。但在某些地段不佳的區域，想進行更新但更新財務計畫無法支持，住戶需要自行負擔部分費用，這時如果住戶們不想出錢，更新就無法成功。

遲遲無法做決定

都更必須下很大的決心，告別過去的居住習慣，如果居民們都習慣過去的環境而不想有所改變，那麼對於都更的態度就會趨於保守或持觀望態度。

許多時候，社區裡的居民並非不同意都更，只是遲遲不肯表態。然而，在都更意願表達中，必須是正面且書面的表達才會被納入同意計算，不表態的居民越多，就越不容易取得都市更新同意書，在同意比例偏低的情況下，自然不容易成功。

釘子戶的存在

要將建築物拆除，屋內的住戶就必須先搬走。此時，如果有釘子戶守住不離開，甚至以死要脅，就算只有一人，依然會影響都更進度。有些都更更因此而延宕了十年才開工，最慘的則是無限期的停擺，讓早已搬離原社區的住戶們等待多年仍無法回到原來的家，只能期待有一天釘子戶可以離開。

實施者的態度與能力不足

無論是自組更新會，或是找建商擔任實施者，如果主導者的態度不夠誠懇，給住戶一種無法信任的感覺。此時，唯有愛心和耐心，並且不斷的以誠意溝通，才有機會挽回住戶的信任。特別是建商擔任實施者時，在最初就會有住戶用放大鏡來檢視，更需要釋出最大的誠意才行。

除了信任之外，都更的經驗或能力不足，也會影響整體的流程和進度，連帶的又讓住戶的信任度往下降。類似的情形如果一而再、再而三的發生，難保不被最後一根稻草壓垮都更。

不想都更，進退應對該如何拿捏？

林小姐在聽了兩場說明會和一場公聽會後，確定無意參與都市更新，但看到左鄰右舍對於都更興致勃勃，讓她不禁擔心，如果不想都更怎麼辦？

從過去都市更新的經驗中發現，在一個社區中，初期大約有三成的住戶同意更新；經過一次又一次的說明會、公聽會後，約莫過半的住戶同意更新；再經過更多的說明和溝通後，約有八成的住戶會願意更新，剩下兩成左右的住戶，就需要實施者努力再努力了！

如果你也不想更新，以下有幾個思考方向供參考。

不想都更的理由

通常，不願意參與更新的理由有以下六種：

❶**覺得不划算**：更新之後的坪數比較小，如果要換和原來一樣大的坪數還要付錢，所以不想更新。

❷**不久前才整修**：才剛花錢重新裝潢，如果參與更新，這麼一大筆整修費就白花了。

❸**經濟因素**：房子還在繳貸款，如果參加更新，不但貸款要繼續繳，更新時還得到外面租屋，經濟上負擔不起。

❹**情感因素**：房子雖然舊，卻是上一代留下來的，將來孩子長大也要住在這裡，說什麼也不能拆。

❺**覺得麻煩**：都更程序多，時間拖很長，想到就累，還是維持現況就好。

❻**估價問題**：花兩千萬購買的房子，結果建商估價只值一千兩百萬，增建的都不算，害我平白損失了八百萬，實在很不划算。

無論是什麼原因讓你不想參與都市更新，都應該要訴之以理，讓大家知道你的理由，明白你不是個不講理的人。

不得不更新，該怎麼做？

即使再怎麼不願意更新，根據都市更新法令規定，在極大多數住戶都同意之下，社區還是可以進行更新。此時，不願意更新的住戶難免有種「以大欺小」的感覺。建議在這個時候，可以冷靜思考看看爲什麼那麼多人都同意更新，其中是不是有自己沒想到或誤解的地方。

很多時候，不同意都更的人是因爲覺得在過程中不受到尊重或被騙，無法再信任實施者。如果眞的走到這一步，而你又是極少數不要都更的住戶，此時最重要的就是看清楚局勢，理性面對，結合和你一樣不願意都更的住戶，再次將受到委屈的部分說清楚。

又或是提出一套替代方案，說服大家，並藉此更深入的了解其他住戶的心聲。也可以尋求專業人士協助說明。此外，也有些住戶在大局底定後，抱著「犧牲小我，完成大我」的心情來看待更新，爲自己爭取最大權益。

在民主社會中，必須不斷的溝通，最怕就是「一哭，二鬧，三上吊」的方式，會讓原本同情你的住戶反而認爲你是來鬧的，甚至將你想成釘子戶、死要錢，這樣就太遺憾了。

張教授真心教室

證據，非常重要

在審查各個都市更新案時，除了遇到建商覺得審查小組「故意刁難」之外，也會遇到抗議都更通過的住戶。

從過去的經驗來看，抗議成功的住戶，通常都是十分有理的；而抗議失敗的住戶，雖未必無理，但卻常出現「理由講不清楚」的情形。例如有些住戶會說：「建商就是不跟我溝通啊！我約了他十幾次，他就是不來！」「建商找黑道來找碴。」

問題是，你是否有證據可以證明建商避不見面，或是對方找黑道來威脅你？

在都更的流程中，證據是很重要的，像是將書面聲明（如開會通知）以雙掛號信件、存證信函方式寄給建商，就可成為很好的證據，證明你真的找了建商，但建商卻避不見面。那麼，審查委員就會針對這個部分來要求建商做出相關補救動作。假如沒有證據，就等於是口說無憑，在法律上是站不住腳的。

所以，當你不想都更時，各種溝通的過程都要留下證據，以便將來發生糾紛時可以做為說明。

張教授與代理實施者對談

對談者：代理實施者L營造（以下簡稱「代」）
主題1：代理實施者的介紹、處境、利潤
主題2：代理實施者與實施者（建商）的不同

張：代理實施者是介於「實施者為建商」和「實施者為住戶自己辦理都更」之間的角色，比較會傾聽地主的聲音。問題是，地主有時根本不知道自己要什麼，就像一盤散沙似的，這時代理實施者的想法是？

代：沒錯，因此在代理實施者要建構社區美夢時，會針對各個社區來做藍圖，告訴住戶未來社區可能是什麼樣子？有什麼樣的功能？以教授的房子來說，我們除了規畫二、三十坪符合現有住戶居住面積的房子外，還考慮到社區多出來的房子終究是要賣掉抵付興建成本，因此另外規畫了較大坪數的房子蓋在高樓層，以獲取較高的利潤。

但建商有時只考慮到市場銷售導向，為了創造更高的價值，而忽略了原住戶的居住性質與生活習慣，使得有些住戶不得已只好搬出原社區。其實，建商不該一味的追求豪宅的品質，而忘了住戶的收入水平與住家品質應該要畫上等號。畢竟，都更為的就是要讓社區居民有更好的生活品質，不應該因為都更而破壞社區原本的特質，這就是我認為代理實施者在都更時要做到的事情。

就像之前士林有一個案子，明明是五十年的老社區，很有文化，建商卻硬要蓋成豪宅，使得原住戶被迫搬出去，實在很沒道理。

張：剛才提到代理實施者跟建商最大的不同是，代理實施者是以住戶的想法為主，並付諸行動，跟建商強調市場的想法是不同的。你覺得代理實施者在都更時，遇到的問題是什麼？

代：我想是過去房地產登記的方式很亂，造成鑑定更新前土地價值時的困難。例如住戶聲稱他應該有五十坪的土地，但權狀上明明只有二十五坪；還有防空避難室理論上應該是大家共同持分的，但很多案例都只登記在一位住戶上；也有以前建商自己蓋房子，將角落的一小塊地私心登記給其中一位住戶，造成同一筆建號某一戶的土地坪數比別的住戶多出許多。很多登記不實與漏登的情形，造成權利變換時住戶之間的糾紛。我覺得目前都更明文規定分配權利價值的方式很好，問題是如何說服原住戶認知他的價值沒有那麼多！這部分希望政府可以再多思考給予協助。

另外遇到的問題，就是大家對代理實施者的認識不清，代理實施者的名詞是很專業的用法，一般地主大都只懂得合建的概念，在溝通的過程中，要他們接受「自地自建」的想法，要費很大的口舌，尤其是年紀大一點的老人家，再加上說明權利變換過程的種種觀念，真是很大的挑戰。

張：所以問題還是在權利分配上。

代：有一種住戶是無論如何都覺得應該捍衛自己的權利而斤斤計較，而另一種住戶則是出在誤解自地自建的精神而不信任分配的結果。因為這兩種住戶的堅持己見，就會產生所謂的釘子戶，難以溝通。

張：我知道目前建商會用暗盤來解決釘子戶，但是代理實施者在面對釘子戶時要怎麼辦呢？

代：我們現在就是先看同意人數，如果達到百分之九十，依法就可以拆房子了。

張：問題是你們敢拆嗎？

代：最近有一則新聞提到士林區的文林苑都更案，由拆除大隊會同警察局要去拆屋，警察局卻說，他們被賦予的任務是維護拆除大隊可以順利拆房子，但警察卻不能把人架走。這種公權力的解釋方法，讓大家都很無奈。

張：所以，如果是你們遇到類似釘子戶，會如何處理呢？

代：目前我們也只能想出兩種做法，一是先放著，到最後要求政府協助；二是藉助社區住戶們的力量來解決。

張：你們不出錢解決嗎？

代：我們所有的數字都很真實的擺在眼前，不像建商有較大的利潤可以去「搓湯圓」。其實時間可以改變很多事情，我們比較期待在流程中可以慢慢說服不同意的住戶，只要在合情、合理、合法下捍衛自己權益的住戶，應該是可以談的。

張：你會擔心因為少數人不願意配合，使得前面做白工嗎？像是我家的這個案子？

代：當然有可能，代理實施者的風險是很大的，所以我們老闆也在問：「到底對教授的案子有多大的把握？」

張：像這樣釘子戶的困境，我想由住戶意識來協助是比較適合的。不過時間就是金錢，如果多拖一個月，時間成本也就跟著增加，這些都由住戶共同負擔。

代：沒錯，我想代理實施者跟建商最大的不同是，今天如果有住戶要多分兩坪，那麼我們只好協調大家為了促成都更早日完成，是否全體都少拿一點點坪數。但建商比較有可能私下跟這位想要多兩坪的住戶達成協議，因為他由合建分回坪數可以有籌碼溝通。換句話說，我們代理實施者不會有暗盤，而是根據估價師算的結果來執行權利變換分配大家更新後的樓地板面積。

張：接下來我想知道的是，代理實施者的利潤到底是多少？

代：二〇一〇年十二月台北市政府公布新修訂的「都市更新事業及權利變換計畫有關費用提列總表」內，出現了代理實施者的合法地位，明白表示其中「風險管理費」就是實施者的報酬，依不同更新規模可提列不同比例的費用，且不論規模大小，都可列十二%。共同負擔是公開透明的，所以代理實施者的利潤都是合理計算出來的，這是我們作為代理實施者代墊資金、整合能力、管理技術與承擔風險所應得的報酬。

張：所以，建商的帳是可以做出來的，但代理實施者就是很透明的？

代：應該說，建商真正的成本帳務並不一定需要公開，但代理實施者是一定要公開透明的。

張：不過，代理實施者不一定要是營造廠，你們出來做代理實施者，除了賺十二%的風險管理費外，還有營造的利潤。你覺得除了營造廠可以當代理實施者之外，還有誰適合？建經公司嗎？

代：代理實施者制度最大的效用，除了必須具備整合能力外，最重要的是地主不需要拿出現金支付前期專業公司的作業費用，而一般代理實施者都需要先行代墊顧問費用等，每一個案件最少也要兩、三千萬元，所以公司資本額在五千萬到一億會是合理的。若是一般顧問公司，資本額只有五百萬，這麼小的資本，是無法代墊如此高額度費用，更不用說如果同時有兩、三個案子同時進行，所以代理實施者會是營造廠比較合理。建經公司如果要做，可能是成立另外一家公司，結合不同的股東，資本額夠規模，資金周轉能力才充足。

張：這樣看起來，最好的代理實施者是營造廠嗎？

代：也不盡然，如果建築師夠大、有一定規模的話，也是可以的。主要還是看公司規模及承擔風險的能力。

都更最終就是要蓋房子，最多的資金就是在蓋房子上面，而營造廠本來就是在蓋房子，所以可以很名正言順的擔任代理實施者。目前，我們也考慮再成立一家專門進行都更的公司，把營建業務與都更業務分開，這樣資金與帳務都可以獨立運作。

張：回到我家的個案，你們覺得困難點在哪裡？

代：這個案子的房地產權登記很不一致，而且房價還不夠高，要每一戶都達到一坪換一坪，並不容易執行。尤其五樓有加蓋的，以及目前一樓的住戶價值認知問題，是否需要有一些補償或調整，我們也會考慮這個補償要不要列入共同負擔。但也要住戶們同意，如果大家願意犧牲一點，都更流程就能夠更快進行。另外就是有祭祠公業的部分，廟宇如何安置也是需要溝通的問題。我想每一個個案的困難點都不會一樣，而張教授這個社區目前也只進行到都更意願調查及意見整合，未來是否能夠完全整合、還會遇到什麼樣的問題都很難預測，只能以代理實施者整合單位的立場一一解決了。

第四課

啓動都更，這樣做

住户甲：我覺得要跟建商過招很難，要不要找顧問來幫忙？

住户乙：你說的顧問，到底實不實在？

住户丙：我覺得不要找建商，也不要找顧問，直接找營造廠蓋房子最好！

住户甲：營造廠是會蓋房子沒錯啦，可是營造廠懂設計嗎？

一想到蓋房子很困難，大家都會把目標指向會蓋房子的人。不過，在決定由誰來進行都更前，至少要先確定自家社區到底能不能都更？又，一旦確定可以都更後，要找誰來協助呢？

更新前先弄清楚——你家可以都更嗎？

王太太發現馬路對面的社區已經開始辦起都市更新說明會，讓她十分心動。她想，既然都在同一條馬路上，自己所在的社區應該也可以申請都更吧？乾脆找對面辦理說明會的專家也來自己的社區辦場說明會好了！

王太太的想法並不完全正確，因爲都市更新並不是光靠社區住戶想更新，就可以啓動。

第一步：先確認自宅是否被劃入更新地區

家中的老舊公寓想進行都市更新，究竟要從何處著手？別急，在開始動員社區住戶之前，請先確認你的社區是否已爲政府所劃定的「公告都市更新地區」，並檢視社區是否符合老舊公寓都更標準，免得大家興高采烈的決定要更新，才發現社區根本無法更新。

首先，要確認社區是否已經被政府劃入更新地區，如果有，表示住家所在的社區是可以辦理都更的。

方法一：上網查詢

首先，將手上的土地權狀拿來，看一下土地所在位置（即地段地號），並利用縣市政府提供的線上查詢系統，查看自己土地座落位置（可上網搜尋「台北市都市計畫整合查詢系統」），是不是已被政府劃定爲「都市更新地區」。另外，也要了解一下更新地區的範圍有多大。

更新地區查詢

請勾選：(如沒有勾選任何一項，則是查詢所有資料，勾選項目可複選。)

劃定方式	市府劃定
案件名稱	
地號資料	行政區：士林區 地段： 地號： -
門牌資料	行政區：士林區 道路名稱：力行街 巷 弄 號 之號

注意事項：
1.本市已公告劃定或申請中之更新地區，請勾選以劃定方式、案件名稱(關鍵字)、地號資料或是門牌資料等方式查詢(可複
選)。
2.地號資料係地政單位提供，僅供參考，實際更新地區地號資料仍應以公告資料爲準。
3.更新地區資料如發現有不符之處，請E-mail至urax0@uro.taipei.gov.tw

更新單元查詢

現在位置 首頁 > 便民服務 > 公告劃定更新單元

友善列印 轉寄友人 回上一頁

機關介紹
消息與新聞
便民服務
專案及成果
法令園地
相關網站

便捷服務
臺北市都市再生前進基地揭動
計畫變相關推動辦法
[節能減碳,幸福臺北]活動
臺北市都市再生簡介
都市更新市民操作手冊
外牆清理補助申請
老屋拉皮申請
檔案應用專區
下載專區
大稻埕專區
都市更新作業流程

公告劃定更新單元

文山區

發布機關:臺北市都市更新處
發布日期:2010-11-17

[士林區]|[大同區]|[大安區]|[中山區]|[中正區]|[內湖區]|[文山區]|[北投區]|[松山區]|[信義區]|[南港區]|[萬華區]

公告日期／文號	案名	附件書圖
99.10.25府都新字第09903332500號	萬慶段二小段579地號等45筆土地為更新單元	計畫圖
99.8.30府都新字第09902258000號	實踐段二小段441地號等45筆土地為更新單元	計畫圖
99.8.27府都新字第09902598900號	公訓段三小段360地號等44筆土地及萬芳段三小段838-1地號為更新單元	計畫圖
99.8.6府都新字第09902259300號	華興段二小段654地號等7筆土地為更新單元	計畫圖
98.12.30府都新字第09805230800號	興安段一小段42地號等47筆土地為更新單元	計畫圖
98.10.28府都新字第09804329200號	木柵段三小段389地號等5筆土地為更新單元	計畫圖
98.11.18府都新字第09804679700號	木柵段一小段912等29筆土地為更新單元	計畫圖
98.9.4府都新字第09803843600號	萬慶段一小段443地號等2筆土地為更新單元	計畫圖
98.7.28府都新字第09803368100號	木柵段三小段623地號等38筆土地為更新單元	計畫圖
98.2.6府都新字第09800101400號	萬隆段一小段188地號等12筆土地為更新單元	計畫圖
98.1.21府都新字第09707806600號	景美段一小段124地號等29筆土地為更新單元	計畫圖

圖片來源：台北市都市計畫整合查詢系統
（http://budwebgis.tcg.gov.tw/plan Map/cityplan_main.aspx）

方法二：詢問政府單位

如果有意更新，但又不清楚自己的土地情形是否符合政府更新規定，也不會上網查，最簡單的方式就是去所在政府的更新業務單位（請見附錄），請求承辦單位給予協助。這時，可以詢問的問題有以下幾個：

❶我家有沒有納入政府劃定的更新地區範圍內？何時劃入的？

❷如果我家或這一區要辦理更新，面積條件為何？

❸如果我家沒有在劃定更新地區範圍內，建築及環境評估條件為何？（針對未劃定都更地區）

自宅未被劃入都更地區，該如何處理？

如果自宅並未被劃入都更地區，也不要太緊張，可以再去查詢是否有在「自行劃定更新單元」範圍內。如果還是沒有的話，所有權人可以申請自行劃定都市更新單元（一人即可申請）。所以，當你發現自家已被注明是「自行劃定更新單元」時，表示已經有人比你早一步動作了，相信不久後，社區就會有人開始發布都市更新說明會的消息。

由於各縣市政府有關劃定更新單元的規定不同，甚至在同一縣市政府之下，因地區不同，會利用都市計畫或都市更新計畫而給不同的劃定基準。若你眞的無法確定，還是直接打電話詢問政府都更相關單位最準。

第二步：檢視自宅是否符合都更條件

都更可以活化都市生命，但如果社區不需要更新，卻又想參與更新，反而會浪費更新的美意，使得眞正需要都更的社區機會變小，因此各縣市都有都市更新的標準（標準同線上查詢系統）。

舉例來說，如果房子位於台北市，則以「台北市都市更新自治條例」爲主，先要符合單元面積劃定的標準（北市自治條例第十二條），如果沒有在劃定都市更新地區範圍內，那就必須符合七項必要條件，以及十四項指標中的其中三項，才能確定是「都更屋」。

張教授真心教室

單元劃定範圍太大，不見得一定好

從政府的角度來看，都市劃定單元的土地範圍越廣，整體更新起來的感覺當然遠比小範圍還要好，但實際進行時，就會發現劃定的範圍越大，整合起來就越困難。此外，在劃定的範圍中，如果有七層樓的華廈或屋齡二十年的公寓，住戶明明住的好好的，那麼到底要不要拆？

我曾經審議過一個位於北市精華區的都更案，建商把鄰巷的一棟透天厝也劃定在內（這麼一來，土地就十分完整），但這棟透天厝的主人才剛將整棟屋子重新整修，外表新穎，又不妨礙市容，為了都更而硬要拆房子，實在是說不過去。後來，我在審議這個案子時，撤回了建商的提案，讓建商重新劃定更新範圍，透天厝的主人終於保住自己剛整修好的房子。

所以，都更的範圍越大，真的不一定比較好。

都更小辭典

都市更新地區與更新單元

❶**都市更新地區**：政府基於地區發展的必要性，因為建築物與環境的窳陋惡劣，或是因地區發展狀況而需要優先、迅速劃定的範圍，表示政府認為此一地區有辦理都更的必要。好處是在更新地區範圍內的更新事業案，有機會獲得時程容積獎勵，且相對於未劃定的更新地區，更新事業的同意門檻也較低。

❷**更新單元**：為了實施都市更新事業所劃設的基地範圍，如果要辦理更新的基地沒有在更新地區範圍內，那麼還需要檢核這個基地是否符合各地方政府有關「更新單元劃定基準」中的建築物及地區環境評估。在更新單元確認之後，才能開始辦理都市更新事業。換言之，如果未劃定更新單元，只能用一般申請建築執照的方式來辦理開發。

都市更新三階段——整合、規畫、執行

都更是一件大事，過程當然草率不得。無論將來由誰主導社區的都市更新，我建議身爲房子或土地所有權人，不妨花點時間了解都更流程，可以更加掌握都更進行的階段。

在此先將都更流程分成三大階段做重點整合，之後會再做更詳細的介紹，所以再怎麼沒時間的你，也可以快速搶先看。

更新整合階段

整合階段的重點在於取得地主們對都更的共識，並確認後續更新執行的主體，也就是由誰來擔任更新事業的實施者。

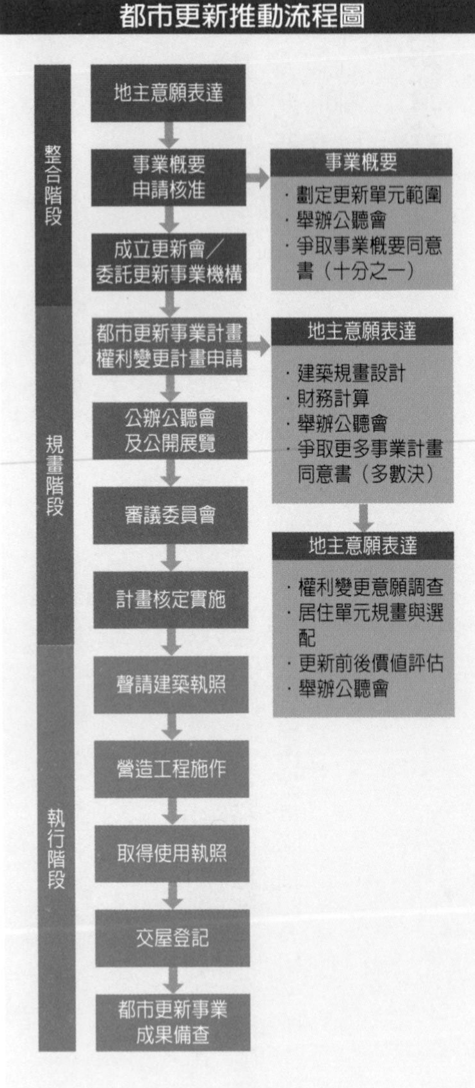
都市更新推動流程圖
整合階段
規畫階段
執行階段
地主意願表達
事業概要
申請核准
成立更新會／
委託更新事業機構
都市更新事業計畫
權利變更計畫申請
公辦公聽會
及公開展覽
審議委員會
計畫核定實施
聲請建築執照
營造工程施作
取得使用執照
交屋登記
都市更新事業
成果備查
事業概要
·劃定更新單元範圍
·舉辦公聽會
·爭取事業概要同意書（十分之一）
地主意願表達
·建築規畫設計
·財務計算
·舉辦公聽會
·爭取更多事業計畫同意書（多數決）
地主意願表達
·權利變更意願調查
·居住單元規畫與選配
·更新前後價值評估
·舉辦公聽會

更新規畫階段

在規畫階段當然還是要有一個好的專業顧問公司來協助，可以達到事半功倍的效果，也可以讓社區少走不必要的冤枉路。

在確認實施者（見一五四頁的「都更小辭典」）之下，聘請專業顧問公司或本身就具有更新專業能力，那麼就可以進行都市更新的規畫階段。

這個階段的重點在於完成建築規畫設計、價值估算及更新後產權分配的工作，當然，還是要取得大部分地主的同意才能申請都市更新，進行審議。當審議完成後，都市更新事業計畫就可以公告實施了。

該階段的另一個重點就是實施者要找到資金，無論是透過自行出資、銀行專案融資或政府相關基金的融資，都要在這個階段盡量籌措。否則即使都更審議通過，也沒有辦法進到下一個階段。

更新執行階段

執行階段主要的工作在於進行拆舊屋、蓋新厝的動作，在此之前必須請仍居住在更新單元內的居民先搬遷到別的地方居住，不參與的人就領取補償金離開，從申請建築執行核准到使用執照期間，稱之爲「更新期間」。重建時除了有地價稅免徵、整建維護減半徵收的好處外，如果房子拆掉了，還可以申請「房屋滅失」，這樣就不必課房屋稅了。

這個階段的重點在於房子要新蓋，還有稅賦上的減免。當然，房子在新建的過程中，有空可以過去看看，畢竟更新後的房子是要自住，房子越接近完工，離住進新家的時間就越近了。

等到房子完工後申請使用執行，就可以交屋並進行權利變換的登記（或由起造人，也就是實施者主張房屋登記的權利）。之後，再由實施者將都市更新事業成果向所在的縣市政府備查，就完成都更了。

張教授真心教室

影響都更速度的兩個關鍵指標

有人說都市更新很快就完成，也有人說都市更新流程多，人事問題也很多，需要花很久的時間才能完成。

有些人認為都市更新很輕易賺大錢，卻沒有將時間成本算入，這是不合理的。假如都更後賺了三百萬，但是卻花了十年的時間才完成，平均一年賺三十萬，說不定比將房子出租的收益還少。

到底都市更新的時間是長是短？

從我過去擔任都市更新審議委員的經驗來看，都更的速度有快也有慢。快的三年完成，慢的可能拖十年，甚至無法成功，最重要的關鍵指標可從兩個部分來討論。

❶居民整合要快

都市更新的步驟繁複，令許多人在聽說明會時就卻步，認為都市更新很困難、很慢才能完成。其實，不管步驟多寡，重點只有一個：社區民衆整合的速度。

如果社區居民的意見一致，凝聚力強，整合的速度快，有熱心且值得信任的領頭羊，沒有出現所謂的釘子戶，所有同意書都可以快速通過，那麼都市更新的步驟雖多，執行起來就不會太困難了。相反的，當整合不易時，即使住戶再少，也會拖延都市更新的速度。

❷建商要有誠意

房子要拆掉重建，勢必得與建商或建築師討論新屋的樣貌、公共設施等細節。此時，如果找到的建商或建築師是比較有信譽、有誠意的，不會將一些小細節避而不談，那麼將來在興建房子時，發生的糾紛就會比較少，對於更新的速度十分有利。反之，如果建商的誠意不夠，說明不清不楚，信任度受到質疑，在都更的過程中造成住戶的懷疑與質問，甚至抗議，都更的進度也會受到影響。

如果你發現在都更時候眾說紛紜，每個人的意見不一，整合困難且複雜，我的想法是：與其等個十年，不如趕快脫手賣掉吧！

執行前先確定——誰來進行更新？

陳先生在參加都市更新說明會時，發現社區的召集人直接找建商說明都更事宜，雖然建商說得頭頭是道，對都更也一副十分上手的樣子，而且大家一想到都更，本來就會先想到建商，但陳先生的心中還是很納悶：難道除了建商之外，就沒有別人可以進行都更嗎？

一旦社區住戶較多人傾向要拆除重建，下一個最重要的決議就是：誰來主導、執行都更？

答案是除了建商外，住戶也可以自組更新會，或是尋找代理實施者。

自組更新會——所有權人為實施者

有些社區在不願意讓建商主導的情況下，會決定自組更新會辦理都更。雖然我認為房子是自己住的，當然要多出一點力氣，但若說到自力更新，事實上我覺得不太容易（九二一都更除外），因為蓋房子這件事十分專業，從設計到施工，有很多技術性的問題，並非一般民眾可在短時間內學得到的。此外，每位住戶的想法都不一樣，在缺乏專業知識的情況下，既無法做出正確的決定與判斷，也很難取得共識，到最後演變成互相猜忌，以致於延誤了都更的時程。

都更的流程十分繁瑣，最常聽到某個社區剛開始時興緻勃勃的自組更新會，到後來因為上述種種原因，加上更新會成員缺乏時間、精力開會討論，也疲於整合住戶觀念，到最後造成「自組更新會自辦都市更新」變成一個理想，實在是很遺憾。

協議合建——建商為實施者

由於住戶自辦都市更新大不易，所以目前最多人採取的都更方式，還是傾向找專業人士，像是建築業者、建商等來主導都市更新。

找建商的好處在於是他們夠專業，也知道都更的流程，但前提是必須要有利潤，他們才願意進行下去。因此，一旦找了建商擔任實施者，就必須結合地主與業者的利益，才能夠順利完成都更。

站在建商的立場，爲了加速都更，會將過去與地方協議合建的概念引進都更之中。這種方式最大的好處在於，建商只要私底下與地主談好條件，就可以開始進行拆屋、蓋屋的動作。

基本上，協議合建雖然可行，但從過去的經驗中得知，由於建商較專業、較有經驗，且比一般住戶更了解法令規定，導致在許多協議合建的過程中，出現建商與地主間資訊不對稱的情形，而在兩者均希望取得利益的情況下，就會出現建商獲利較多，地主獲利較少的情況，使得不少地主有種被矇騙的感覺。

其實，在都更的過程中，地主的利益其實很少（除非地段價值高），如果又是以協議合建來進行，等於是私人之間的默契，一旦發生爭執，政府是不會介入的。

自組更新會的變形——代理實施者

自己執行都更的所有流程既累又不專業，找建商協議合建又擔心被騙，難道就沒有可以自己掌握都更的主導權，又有專業人士協助進行的方法嗎？

當然有，就是尋找代理實施者。

以我的木柵第一屋爲例，就是以社區住戶爲主導，建經公司爲顧問，營造廠商來蓋屋的模式進行。在這樣的模式下，營造廠商就是代理實施者，但主導權仍在社區住戶的手上。換句話說，都更建案的重大決議，還是由社區住戶來決定，營造廠商則是「委託辦理」，而建經公司則擔任監督、貸款等協助。

所以，尋找代理實施者的方式，可說是以住戶決議爲主的一種方式，同時又不必擔心地主缺乏專業與時間的困境，我個人十分認同這樣的做法。

實施者類型比較表

名稱	都市更新會	代理實施者	建商
形成方式	地主自組更新團體。	地主委託，類似委建。	地主委託建商，合作興建（協議合建）。
重建費用	自籌，各自向銀行借款或向中央更新基金借貸。	代地主向銀行專案貸款，納入信託專戶，更新後由地主自行負擔。	實施者（建商）自有資金或向銀行借款。
建築規畫及都更規畫內容	委託規畫顧問公司來處理，內容經都市更新會同意。	自己即專業顧問公司，可以自己處理，內容尚需經地主會議同意。	自己或委由規畫顧問公司來做，內容建商決定。

產權分配	以自己分配自住為主，多的才透過都市更新會銷售。	以地主自住為主，多的由代理實施者協助代為銷售。獲利先回到信託專戶償還重建費用，其餘才由地主貸款支付。	建商分得折價抵付的更新後房地。地主分回與建商協議的房地。

張教授真心教室

政府是都更中不可或缺的角色

過去，老舊社區要更新，最快的方式就是建商與住戶談協議合建。現在，由於政府大力推動老舊公寓都更，於是訂定了不少獎勵辦法，成為都市更新中不可或缺的重要角色。

政府介入都更，最主要的目的就是希望加快都更的速度，讓社區再次活化，進而美化整個大環境。以下是我歸納出來政府可協助都更的地方：

❶擔任解惑者

無論你家的房子尚未都更或正在都更，任何與都更相關的問題，都可以打電話到都市更新單位詢問。

❷擔任仲裁者

在都更的過程中，如果採取「權利變換」的分配方式，當住戶與實施者之間（如建商、代理實施者、更新會等）出現紛爭，並且需要仲裁時，將由政府官員及府外專業人士組成的「都市更新審議委員會」來審議相關內容。

或許，有些住戶對政府有主觀的既定印象，認為找政府沒用、不想跟政府打交道，但以我過去擔任「都市更新審議委員會」審議委員的經驗來看，建議有疑問時，還是多請問辦理都市更新的政府相關人員。除了可以得到最正確的解答外，也算是與政府建立良好關係的方式之一。

都更小辭典

實施者

在都市更新事業中，實施都更的主體者稱為「實施者」，可分成以下兩種類型：

❶**公部門辦理**：這類型的實施者大多是政府本身或委託的都市更新事業機構、同意機構等（都市更新條例第九條），通常都有較多的公共設施、公有產權要處理，或是屬於公部門指標性的更新案，才會以公辦的方式去做。

❷**地主自辦**：地主可以自組都市更新團體或委由都市更新事業機構來實施（第十、十一條）。只要七人以上組成都市更新團體，就可以稱之為「都市更新會」，並且擁有都市更新條例賦予的法人身分。

都更說明公聽會，這樣聽出眉角來

由於都更有很多階段要進行，所以當你得知社區要舉辦都市更新說明會時，能去參加是最好的，因爲可以了解這次都市更新的發起人是誰、講的內容及重點是什麼、目前更新進行到哪一個階段等，也可以趁機得知鄰居對這件事情的關心程度。

法令上規定的說明會，稱爲「公聽會」。在整個都更的過程中，大概會有二到三次的正式法定說明會要舉辦，分別是「更新事業概要階段」「更新事業計畫階段」及「更新事業審議階段」。如果要另外辦理權利變換計畫，則必須多加兩次（權利變換計畫程序可併入更新事業計畫裡一起辦理），這些階段都必須有正式的會議通知單、登報三日及張貼在里辦公室布告欄等。

在公聽會所講的公開言詞，都會被記錄下來，送到都市更新審議委員會，相當於一定的資訊公開化。以下將針對更新的流程做整理，讓各位讀者了解各說明會可能的內容及注意事項。

都市更新發起階段

第一次都市更新的會議通常還在發起階段，發起人可能是建商，也可能是社區內的居民或關心社區的熱心人士（如里長、政府人員、地方民意代表等），主要是在說明社區需要更新的理由、什麼是更新、更新的好處等，如果大家都能接受，才會進一步問大家有沒有更新的意願。

由於本階段尚未涉及更新後的權利如何分配、建物如何興建等，因此請先不要急著反對，畢竟都更才剛起步，很多事情都還沒開始，所以只需要抱持著開放的態度，聽聽看別人怎麼說，並以舉手表決或書面問卷的方式，表達是否有意願進行都市更新，這樣都更才有可能開始。以下兩個重點需要特別注意：

重點1：千萬別抱著「別人說怎麼樣，就怎麼樣」的心態，以免讓實施者搞不清楚你的想法，失去表達意願的機會，讓都更難以繼續進行下去。

重點2：如果你同意都更，請記得這個階段只要表達同意更新的意願，讓都更有一個開始即可，無需急著簽定任何文件。

都市更新事業概要階段

依都市更新條例規定，此階段將會進行一場公聽會，可以清楚知道更新單元的範圍到哪裡，如果你也被邀請了，就表示你在地主或相關權利人的名單裡。這時請務必出席會議，以便了解更多相關事宜。

所謂「概要」階段，顧名思義就是簡單的更新事業計畫，因此在這個階段，你可以很清楚的知道是由建商或地主自組的更新會來擔任實施者，以及社區的重建方式是更新或整建維護。如果是重建的話，就必須爭取容積獎勵，也會有一個概算的爭取額度供參考，但實際上還是要以審議委員的決議爲準。另外，也可能會看到更新後的建築外觀或配置，大家不妨仔細思考一下，這是不是你心目中理想的建物。

當然，如果更新事業計畫同意書取得已達到多數決（更新條例第二十二條規定比例），則概要階段的程序是可以省略的，所以一定要注意自己簽的同意書是都市更新「事業概要」同意書，還是都市更新「事業計畫」同意書。

重點1：不必要求實施者一定要爭取到某個數字的獎勵，畢竟最後的決定是在政府的都更審議委員會。

重點2：凡是對更新的建築外觀或配置有任何想法，都可以提出來，不必覺得不好意思。

重點3：不要急著談分配，請先了解更新前後的權益與義務。因為合建契約只著重於分配，所以要確認更新前原有的權益，以免將來造成法律上的糾紛。

都市更新事業規畫階段

在事業概要之後，實施者會進一步做建築規畫設計，並細算容積獎勵，眼看著未來建築配置及財務計畫就要出爐，這時必須再召開一次公聽會。

此階段將會涉及未來建築的形式（如日本風、巴洛克風、簡約風等）、產品的定位（如商業大樓、大坪數的豪宅或一般典型的三房兩廳住宅等），以及每一戶的位置、方位、面積大小、公設坪大小、公共設施位置、地下停車位配置及人車動線等。

如果將來決定自住，也可以在這個時候告訴實施者及建築師，在不影響既有建築規畫設計的同時，也能考量到你的特殊需要（如房間數、動線等）。

重點1：如果實施者在公聽會之前就已經談論過相關內容，或是曾經一對一到家中談好條件，而你也決定要參與都更，甚至還簽訂了合建契約。你可別以爲這樣就可以不去參加公聽會，此時才更要去聽聽看實施者私下所談的內容與正式場合談是否一致。

重點2：更新事業計畫同意書簽定時，可以要求實施者把更新事業計畫書當成附件，或是附上摘要。

權利變換規畫階段

如果你家的社區是以權利變換的方式分配未來建物面積，那麼實施者一定會舉辦權利變換計畫的公聽會。按法規來說，權利變換計畫公聽會可以在都市更新事業計畫之後再辦，但也可以與都市更新事業計畫一起舉辦。

在這個階段要注意的是，更新事業裡所談的建築規畫，必須要有三位估價師來估價，並且由實施者選定其中一位作爲這個案子的價值評估基準。此外，必須清楚自己所擁有的土地值多少（即更新前的土地價值）、有沒有與別人共有或有權利變換關係人而分離（如合法建物所有權人、地上權人等）、更新前的價值與全部地主占多少比例（即權利價值比例）等。

同時，還要知道更新後的房地總價值是多少，扣掉共同負擔費用後，再算算自己應該可以分配多少更新後的價值（應分配價值），並試算自己所得到的那戶（含車位分配）值多少錢，兩者的價差要多退少補。（權利變換的概念，詳請見〈第八課〉。）

重點1：這次的公聽會，實施者至少要把更新前每戶的地價（更新前的價值），以及更新後的房地總值（更新後的價值）估算出來供大家作參考。

重點2：在實施者擬定權利變換前，會先調查你是否要參與權利變換，是要分配更新之後的房地，還是不參與分配而領取補償金。參與分配者會收到一份「更新後申請分配位置申請書」，至於時間先後，由於法令沒有特別規定，就視實施者規畫進度而定了。

都市更新事業審議階段

當都市更新事業計畫送到縣市政府後，主管機關除了書面審查實施者送進來的文件是否符合相關法令規定外，還要舉辦一場由官方所主辦的說明會，並以官方所了解的狀況來做說明。

之前大家可能只知道自己的產權，但在這個時候，送審的都市更新事業計畫（或權利變換計畫）則必須公開閱覽，讓大家有更全面的了解。如果覺得內容有損及自己或公共利益，也能夠利用書面寫陳情書，甚至可以知道自己權益在最後是如何表述。特別是有做權利變換計畫時，更能夠清楚知道自己更新後產權資料的狀況。這可能是最後一場正式的公開說明會，再來就要進入審議的程序了。

重點1：在更新事業審議階段，如果覺得計畫內容有損及自己或公共利益時，請用書面寫陳請書，以存證信函的方式寄送到政府都市更新單位，代表一定的法律效果。

重點2：在簽定同意書之後如果反悔，要把握在都市更新事業計畫「公開展覽」期滿前，用存證信函的方式，通知實施者及政府部門撤銷同意書，不然就只能用民法規定的「錯誤」「被詐欺」或「被脅迫」並加以舉證來表示了。

05 都更成功的六大致勝關鍵

都市更新能不能成功，關鍵在於以下六點：

關鍵一：住戶意願的整合

住戶的規模

前面提過，在進入都更前會先劃定一定的範圍，且該範圍必須符合所謂的更新單元劃定基準。至於這個基準則因各縣市及地區規畫而有所不同，這也就決定了所謂的住戶的規模。

住戶的規模與整合的速度有一定的關連。一般而言，住戶約在三十到五十戶之間比較容易整合，但規模小也比較零碎；五十戶到一百戶之間，就有所謂的整合規模。而戶數及地主人數越多，整合的困難度也會越高。但由於某些公寓或集合住宅因爲土地產權是在一起而無法分割，那麼在更新時，就必須綁在一起。如果要先作土地分割的動作，就要回歸到土地法第三十四之一條的規定，要共有人過半及應有部分過半，或是應有部分三分之二，則人數不計。

住戶的組成

住戶的組成可以從在產權上的關係來看，基本上只有土地所有權人及合法建物所有權才能表達都更的意願。

如果遇到房子或土地出租，爲了配合更新，承租人可以向房東請求租金的補償，租賃關係中止，另覓房子搬離。若是房子有抵押貸款，貸款時銀行通常會要求在產權上做抵押權設定並做抵押權人，而抵押權人對更新是無法表達同意與否的立場，不過會用是否借貸給原所有權人來影響更新重建。

在都更的規定中，抵押權人的權益是有保障的，如果原所有權人不參與都市更新分配，那麼就可以從他所領取的補償金代爲清償。此外，由於抵押的物權關係不存在了，其餘的債務就是一般的債權關係。當然，抵押權人可能要求另外提供擔保，不過這跟更新案無關，所以就不討論了。如果原所有權人要參與都市更新的分配，那麼原來的抵押權就會平行移轉到新分配的產權上，這時如果配合重建而有新的貸款，就登載在第二順位。（詳細的借貸請見〈第八課〉。）

地上權人及合法建物所有權人都是權利變換關係人，意思是他們可以透過估價的方式，從土地價值分離出屬於他們的價值而參與權利變換的權利分配。不過，地上權人是無法表達更新同意與否，只能在權利變換裡參與分配。

住戶的意願表達與整合

住戶們固然可以用各種方式來表達參與都市更新的意願，然而，成就更新案的關鍵，就在於住戶們集體意識的表達。爲了使住戶們的意識表達能夠統計在一起，可以採用下列方式：

一是利用書面型式的問卷調查及同意書。問卷調查的重點在於詢問住戶對更新的意願，如果以張貼的方式請住戶塡寫，效果並不佳，最好能逐戶說明，或是利用召開更新住戶說明會等公開會議的機會，效果會比較好。

至於更新同意書更是重要，因爲同意書的格式是每位土地所有權及合法建物所有權表達更新同意的重要文件，必須統計人數及面積的同意情形，也是重要的官方申請都市更新的重要文件。而在公開展覽期間，住戶也可以將書面的陳情書送到所在縣市政府以表達意見。

二是透過非書面的方式，例如召開一般性的更新說明會，或是正式的更新公聽會，當然住戶也可以在公開場合充分發表意見。有趣的是，同意更新的住戶可能不會參加公聽會，或是到了現場但不發表意見，反倒是持反對意見的住戶較會在公開場合發表意見。當然，反對的意見必須受到重視，但如果能有一些支持的聲音，也可以平衡整個都更的狀況，不至於在言論上過於偏頗。

都更最重要的意願表達文件，主要是都市更新事業概要同意書、都市更新事業計畫同意書，這些都必須符合都市更新條例第十、二十二或二十五之一條的同意門檻，這樣申請的更新事業案才算有效。另外，如果有權利變換，則權利變換分配申請表在於主張更新後的分配意願，也是另一份重要的文件。

關鍵二：慎選好的實施者／代理實施者

實施者是都市更新事業的執行主體，其工作除了聯絡所有權人取得同意書外，還需要決定更新後的建築產品，擬定更新事業計畫（或及權利變換計畫）書圖，並且取得更新重建費用。換言之，實施者將會決定整個都更的方向。由於重建資金是由實施者負責，因此也可以依法取回更新後折價抵付的房地。

都市更新的實施者可以是地主自己組成的都市更新會，或是委託都市更新事業機構（一般是建商），近年來也有所謂的代理實施者。住戶們要先決定是要由誰來擔任實施者，如果是委託建商，那麼就必須要愼選好的建商。

除了實施者外，尋找代理實施者的方式，相信在未來也會漸漸地被住戶們接受。（更多內容請看〈第六課〉。）

關鍵三：良好的建築產品規畫

建築產品的規畫是一件十分專業的事，而都市更新給的建築容積獎勵，反映到建築產品的規畫設計上時，主要影響的是建築的總樓地板面積。因此，如何規畫更新後建築物的坪數、公共設施、內部設備、停車場數量、建築物外觀等，就成了住戶們需要思考的方向。

其中，最關鍵的影響就在於更新後的房子，住戶是要以自住爲主，還是要配合建商以產品銷售爲主。如果是以自住爲主，那麼建築產品的規畫上，就會比現在居住的面積略大，多餘的樓地板面積才可以透過增加戶數來出售；如果建商是實施者，就會以市場銷售爲導向，規畫出像是大坪數少戶數的建築產品。

當然，住戶也可以向建商爭取適合自住的坪數面積，但也要考量到建築設計時的整體規畫及結構柱位等問題，所以最後實際獲得的坪數面積，多少都會與理想有些差距，這個時候則可以透過多退少補的方式來修正。

建築產品的規畫也會涉及更新後房地產的價值，雖然價格越高，對地主越有利，但如果地主分得一戶大坪數，實際上也可能變成未來居住的負擔（如管理費用增加、房屋稅增加、公共用水電費增加等）。除非地主要賣掉、搬到別的地方去住，否則就要承受昂貴的居住與維護成本。

關鍵四：重建經費的籌措

所謂的「重建經費」，指的是更新所需的重新建築費用，主要項目是營造費用，其他還有建築規畫設計費、權利變換費用、貸款利息及管理費用等。其中，營造費用的占比最高（約六到七成），而營造費用的造價，則可以參考各縣市政府營建費用單價表（各建築師公會都會有）。

一旦啓動更新，可能會有地主擔心錢從哪裡來、能不能不要自己出錢就更新，而大多會找建商來做，因爲他們可以「負責」錢的事，這樣更新也會比較輕鬆。另外，也有地主會擔心被建商騙、更新時的錢從哪裡來等。不管是由誰來實施更新，重建費用的錢大部分都會從銀行的專案融資借出來，只是借款人如果是都市更新會，恐怕要理監事來當連帶保證人，但理監事不見得會願意。其實，都市更新會還可以找中央更新基金來借款，只是目前為止仍未有案例。

建商因為本身是依公司法成立的公司，比較可以借到建築融資。至於代理實施者，則是代地主們去向銀行辦專案融資，更新的土地加上銀行借到的錢都一併做信託，未來仍是由地主自己來還款或透過多餘的樓板面積出售來償還。

關鍵五：權利變換的認同

一位朋友提到，每次在跟住戶說明都更時最常被問到的就是「可以分到多少」。這句問話雖然直接，卻也很實在。

在都市更新條例中，「分多少」要由估算更新前後價值，並透過「權利變換」的方式來計算，而權利變換的計算標準，跟一般住屋買賣市場有著很大的不同。（詳細內容請見〈第八課〉。）很多時候，都市更新不成功的關鍵，就在於住戶不認同權利變換後的結果，所以需要花很長的時間來溝通。

一般來說，最無法接受權利變換結果的，通常是一樓和頂樓的住戶，如果住戶們都接受權利變換的結果，那麼都更就等於完成一半了。

關鍵六：時程的掌握

一般更新案因爲整合、規畫、興建都需要很長的時間，往往一延宕，就會造成住戶們的不安或冷漠。因此，如果能夠有效掌握整個都市更新的流程，將可避免走冤枉路。

此外，住戶們可能因爲工作繁忙、對都更的過程不了解或不感興趣，而忽略了適度表達意見的權利，以致於時程拖得太久，不利於更新的推動。再加上原本認知的法令會隨著時間而有所變動，進而影響到建築規畫及分配上的權益（如地下室停車位的容積獎勵、之前建築法要加逃生梯、九二一後配電室要放在頂樓層等），如能時時掌控最新狀況，縮短決策時間，將有助於都更的進行。

張教授與建經公司對談

對談者：中國建築經理股份有限公司　陳美珍總經理
主題1：對於都市更新的想法
主題2：代理實施者優缺點

張：妳是建經公司的總經理，又在台北市都更委員會待了這麼多年，對於都更有什麼感想？在審查都更案時又有什麼心得？

陳：現在貧富差距越來越懸殊，以一般的中產階級來說，平心而論，如果不是透過都更，根本沒有能力在台北市擁有一棟新的房子。我覺得都更最棒的就是可以幫助中產階級留在台北市。雖然並不是每個人都非要留在台北市不可，但對於中年以上的住戶來說，早已經習慣住家環境，也有一定的感情，要把他們趕出台北市，對這群人實在不公平。（政府蓋合宜住宅，也是把人趕出台北市。）另外，我也不贊成都更豪宅化。

張：嗯，我明白。那麼，妳對於建經公司在顧問、融資這方面，有什麼想法？

陳：建經公司最主要的營運項目是金融周邊的定位，但是，當市場不景氣時，我們也希望尋求可以自給自足的部分。而我們在十多年前也觀察到台北市的發展已經超過五十年，生活機能雖然很好，但也有些問題必須要靠都更才能解決。當時，我們就協助老舊社區進行改建，從整合、財務規畫、工程發包、營建管理到完工交屋。必要時甚至協助住戶貸款把房子全部分回來，如果住戶要賣屋，也會予以協助。後來九二一大地震，我們也協助成立更新會的住戶，進行三十多個社區新屋重建的發包和管理。我們的業務可說是比較多元，有代理實施者的角色，也有公正第三方的角色，協助做監管，但必須要很客觀，很超然。

張：妳認為代理實施者在將來會如何？

陳：我認為會成為主流。因為當地主看到越來越多的代理實施者成功的更新案子後，也會思考：「還要跟建商配合嗎？」這也是一種消費者意識抬頭。有時候，有些建商看到我會說：「你們這樣子，以後我們建商會活不下去。」我說：「也不盡然，有些地主認為合建就不必傷神。」像台北市有一些案子，建商跟地主說好三七比（建商拿三十%，地主拿七十%），這跟地主自力更新條件差不了太多，地主想一想也就覺得可行。又以代理實施者來說，很可能本身是營造廠，像教授的舊家就是一個例子，營造廠既可以拿十二%的風險管理費，又有營造的獲利，如果還有折抵房地，將來還有放大的機會（指未來房價的利益），加起來就有好幾個部分的空間。

張：除了營造廠外，妳認為還有誰適合擔任代理實施者？

陳：如果是純粹代工型的，除了營造廠外，我認為就是建築經理公司組團隊進來。

張：嗯，我想陳總一路走來感觸很多，因為做過實施者、代理實施者，也協助自主更新會、擔任顧問，妳認為代理實施者會成為都更主流的想法，跟我不謀而合。不過建商和銀行就不一定這麼認為（銀行認為建商會成為主流），我想可能各有市場，在市區、高價位的地區或許以建商為實施者；在市中心周邊，較無法達到經濟邊際的，可能會找代理實施者；至於中南部，可能要自主更新才有可能達成更新，每個區域都有不同的市場。

陳：沒錯。

張：我想進一步問的是，目前大家還不是很了解代理實施者，像是代理實施者是以住戶為主角，因此住戶要負責整合，但整合並不容易。

陳：在整合這部分，每一家公司的做法不同，以我們公司來說，整合這部分就是由我們來進行。

張：妳是指一開始就由代理實施者來做整合？或是住戶要先整合？

陳：一般來說，我會先了解社區的共識如何，如果有一定的共識，我們會協助做整合，因為假如是別人整合給我們，就很難保整合的內涵是什麼。尤其市面上有很多整合公司，在答應地主的條件上，可能埋了很多地雷，或是對地主連哄帶騙也不一定，所以我們自己接的案子一定會自己做整合。

張：如果你們在整合時碰到「疑難雜症」，要怎麼擺平呢？

陳：我們不像建商有籌碼，所以就要用更多時間來規畫案子，這也是為什麼我們要組團隊。住戶最在乎的就是房子將來的樣子及自己的權益，所以在組團隊時，一開始建築師和估價師就要進來，讓地主可以看到都更後社區的模樣，也知道房子大約的價格。不過，估價師先進來也有壞處，因為在未來只能把數字調得更好，不能更差，否則住戶很難接受。

張：我覺得代理實施者進來做整合的想法滿好的，不過一開始要花很多力氣，也不像建商有「小金庫」可以來解決「疑難雜症」，而且你們又沒有營造這部分，沒有工程利潤可拿……

陳：沒錯，所以這要靠社區住戶的協調，有的社區住戶為了成就大局，可接受「某些退讓」，但有的社區就完全不能接受。

張：對於你們來說，身為代理實施者最大的問題是什麼？

陳：我想就是在整合時沒有籌碼，所以我們要花更多的人力、物力來進行。這部分就是要讓住戶了解「時間就是金錢」，越快整合好，越有助於都更的進行。

張：所以，如果找代理實施者，最好是找願意協助整合的代理實施者。

陳：是，我認為這一點十分重要。不過住戶當然也有義務來整合，我們會協助住戶成立組織，透過住戶組織來協助整合。這樣做的好處是，住戶不會跟專業團隊講某些真心話，但是會跟其他住戶說，如此一來，就可以更快速的找到協調方式，推動更新。

張：我知道有些建經公司不願意做代理實施者的原因是利潤太少，所以只願意當顧問，你們願意當代理實施者的理由是什麼？

陳：其實，一旦採行代理實施者方式，未來各項簽約是由代理實施者來簽，像是營造廠、銀行等，都是代理實施者要面對的。這部分我想每家建經公司的策略不同，有的建經公司會直接推薦營造廠，有的是讓地主透過徵選來決定合作的營造廠。

張：以建經公司來擔任代理實施者，因為沒辦法自己綁標，所以會比較公正嗎？

陳：是的，而且我們在營造管理方面也有經驗，所以擔任監管是沒有問題的。

張：那在貸款的部分呢？你們會幫地主貸款？

陳：這部分可說是建經公司最大的優勢，我們會幫地主將舊件轉到願意配合融資的銀行，在過程當中，可能會面臨到地主的債信不良，或是六十五歲以上不具舉債能力，這部分銀行就會要求我們擔任連帶保證人。當然，因為案子是我們從頭就進來協助參與，所以我們當然會願意。而且未來房子的保固、售後服務等，也是代理實施者的責任，所以代理實施者一定要做好營造的監督。

張：總結來說，妳認為代理實施者的好處在哪裡？

陳：我想找代理實施者的好處是，主體還是地主，只是地主不必組更新會，而是用代理實施者來擔任實施者的形態，又不會像建商一樣要分掉地主的利潤，加上所有資訊是透明公開的。

張：那麼，代理實施者的壞處呢？

陳：現在看來，對地主來說，代理實施者沒有什麼不好的地方，反倒是代理實施者本身要面對多達上百位地主，要承擔很多風險。

張：不過，我也聽到很多建商認為代理實施者不懂得產品定位，沒辦法幫建案做更高價格的創造。

陳：建商會覺得沒有品牌、口碑，不過，這就要看地主們的需求。像我們公司也有建設公司，可以擔任實施者；但是像板橋有一塊兩千多坪的土地，地主來找我們時，就明白的說希望我們擔任代理實施者。

張：剛才妳提到房地折價抵付，代理實施者到底是用房地折抵好，還是收顧問費好？

陳：這部分要看情況，如果地主不願意先付顧問費，那麼就以房地折價抵付的方式。

張：對地主來說，哪一種方式比較好？

陳：如果是採用先付顧問費，地主就要先拿錢出來，會有風險承擔的問題；如果是採用房地折抵的方式，因為與未來房價有關，所以當中的利弊是沒有絕對的。

張：最後，妳覺得都市更新最大的成功關鍵在哪裡？

陳：我想，凝聚社區對都市更新的意願及共識，並信任協助的團隊是最重要的，尤其是潛在的反對問題，如果可以越早知道，就能越早化解，才能有效的推動更新。當然，找到好的代理實施者，也非常重要。

第五課

整合住戶，大家動起來

政　府：社區就是要成立都市更新推動小組，才有利於都更的進行。

建　商：希望這個社區的都市更新推動小組別來扯我的後腿就好。

住戶甲：因爲想快點都更，所以就算沒有薪水，我也願意成爲推動小組的一員。

住戶乙：那個住戶甲一直想當推動小組的成員，不曉得是安什麼心？

住戶丙：大家都很忙，有人願意當推動小組成員眞好！

無論是住戶自己想擔任實施者，或是想找建商當實施者，在尙未明確之前，爲了集結住戶們的力量，可以透過組成都市更新推動小組的模式，協助社區更新能更順利進行。値得注意的是，該組織有別於都市更新條例的「都市更新會」，不屬於法定組織。

團結力量大，一起揪團來都更

吳先生和太太住在目前的公寓已經十五年，兩人辛苦攢了一些錢，想搬到有電梯、環境好一點的社區，偏偏存錢的速度趕不過房價飆漲的速度，一家四口只好繼續住在目前的房子裡。

聽到老舊公寓可以進行都更，兩人十分雀躍，擅長資料蒐集的吳先生，很快就查出目前住的社區條件可進行都更。問題是，接下來該怎麼進行呢？

靠一己之力要進行都更，耗費的時間和精神是難以計算的。

無論社區大小、住戶多寡，團結力量大，與其一個人悶著頭進行，不如尋求支援，以社區團體或小組的方式來推動都更，將會更有效率。

尋求管委會或熱心住戶的協助

在確定社區已被劃定爲更新地區或已自行申請劃定更新單元，接下來，就要開始啓動都市更新的按鈕了。此時一定先要把住戶們先整合起來，如果是一盤散沙，在辦理都更時，眞的很難成功。

首先，看看自己所要更新的地方有沒有管委會，如果有的話，可以透過管委會的組織做爲開端，利用現有管委會，或是找幾位社區裡也有意願更新的熱心居民一起來談。

當然，剛開始一定很難達成共識，大家可能會七嘴八舌的提出意見：「雖然不方便，房子也有點破爛，但還能住人。」「想重建，但是沒有錢。」「重建的時候要住在哪裡？」「好麻煩，還是維持現狀比較省事。」

聽大家這麼一說，或許會有不少想要更新的住戶感到心灰意冷。請別灰心，更新並不是自己想要就會發生的，一定要結合左鄰右舍的力量才有辦法達成。這時，可以考量用意願調查的方式，看看社區有多少住戶認同更新，又有多少戶不想更新。最好的方式就是找幾位和你志同道合的住戶，逐戶訪問確認，順便了解一下某些住戶不想參與更新的原因。

由於社區中有些住戶是承租戶，並不見得能夠問得到所有權人，但按照過去的經驗，只要有一半以上的住戶認同有更新的需要，那麼就可以準備啓動更新。

利用更新檢查清單確認社區需要

無論是找管委會或有意願都更的住戶，第一次開會時，可以先聊聊社區有沒有更新的需要。

由於每個人對於社區是否需要更新的想法不盡相同，此時不妨利用下一頁的清單來檢視。如果社區的情況只出現檢查清單的第六項、第七項、第八項及第十五項的情形，則可以考慮用修繕的方式，即整建的方式來處理。如果其他項目有一半以上，則建議社區可以考慮朝重建方式來更新。特別是出現第九到第十一項時，因涉及居住安全問題，建議越早啓動更新越好。

附近住戶也想參與更新的處理方式

聽到吳先生的社區想進行都更，緊鄰社區旁的一棟透天厝主人陳先生，也希望能跟吳先生的社區一起進行，他心想：「反正都要更新嘛，加我這一棟應該可以。」

但，眞的可以嗎？

社區更新檢查清單

檢查標的	項　目	符合
建築物本體	1 屋內居住面積令人感到擁擠	
	2 沒有電梯	
	3 沒有停車位	
	4 房子會漏水	
	5 廁所與鄰居共用	
	6 管線老舊（電力不足容易跳電、沒有天然瓦斯等）	
	7 房子外牆磁磚剝落	
	8 天花板、牆面水泥剝落	
	9 鋼筋裸露	
	10 經鑑定是海砂屋、鋼筋輻射屋	
	11 經土木、結構等專業技師公會鑑定建築結構有安全上的問題	
	12 房子已有三十年（鋼筋混凝土）以上的屋齡	
	13 建物不耐強震	
	14 建物不屬於防火結構（木造、鐵皮屋）	
	15 建物具有歷史、文化價值	

周圍環境	1周圍道路狹小，車輛無法通行	
	2位於離捷運站、重大建設等兩百公尺範圍內	
	3居住環境惡劣，足以妨害公共衛生或社會安全	
	4有計畫道路，但未能供公共通行	

每個縣市政府所規定的「更新單元劃定基準」都不太一樣，如果社區鄰里與隔壁、前後面棟住戶都覺得有必要更新，那麼下一步就要看大家打算用那個範圍來辦理更新。（查詢步驟同〈第四課〉劃定的部分。）

在這邊要注意的是，並非每一個區塊的鄰居都樂意被劃入。是否要合併鄰居，首先要先確認一下更新單元的面積是否符合基準，併入的鄰居同意比例的狀況是否反而會造成同意比例不足而無法申請更新。還有，要考慮到所劃入的更新單元是否會影響到其他鄰居未來辦理更新，若鄰居不願納入更新，也要將過程寫成書面的協調會議紀錄，以方便說明更新單元劃定的過程。

另外，也可以考慮以「整建維護區段」來劃入，換言之，在不影響其他人重建的前提下，以建築規畫設計的手法來處理建物之間界面的問題，部分爲拆除重建區段，部分爲整建維護區段。

千言萬語，如何向住戶說明都更工作？

開始進行都更，總要有人向住戶說明都更的工作，到底該由誰來說？說些什麼？如何了解其他住戶的意願？

由誰來說？

剛開始要向住戶說明都更，確實是千頭萬緒，有一種不知從何說起的感覺。這個時候，不妨從發起者來看：

發起者為住戶

如果是住戶自己想發起都更，但尚未找到人來幫忙，建議先跟熱心的住戶或管委會自行召集說明。當然，如果事前有專業的都市更新規畫顧問公司能進來幫忙說明會更好。

發起者為建商或代理實施者

如果是建商或代理實施者的公司（如更新顧問公司、更新開發公司、營造工程公司等）找到社區住戶，基本上，他們多少對都更有所了解，亦可安排社區住戶聽聽看他們講些什麼。

說些什麼？

通常來進行都更說明的人，都會先做自我介紹，然後再針對社區目前狀況做初步的介紹。基本上，第一次都更說明會，內容不外乎是說明下列事項：

❶什麼是都市更新？

❷社區爲什麼需要更新？

❸都更有什麼好處？
❹都更的流程爲何？
❺初步說明未來產權如何分配

如何了解其他住戶的意願？

即使是平日見面會打招呼的鄰居，在面對都更時，態度也可能會曖昧不明，不見得會將心中眞正的想法表達出來。到底要怎麼做，才能知道住戶的意願呢？

了解住戶的立場與態度

要了解其他住戶對都更的意願之前，應先向住戶說明自己的立場及態度，因爲此一階段仍在更新啓動，社區尙未進入所謂的「更新規畫評估」，也就無從得知更新後社區會如何重建、該如何分配、該不該負擔等問題。

此時，只因社區的某些現況令人起了更新的念頭，所以才打算問其他住戶的想法，以獲得住戶們對社區實質狀況的認同，例如社區建築物已有結構上的問題，或是期待可以改善居住環境。所以，住戶們其實不必太排斥此一階段的意願調查，因爲此一階段的認同，並不等於未來都市更新事業計畫同意書上的同意。以下幾種方式，可以幫助你了解其他住戶的想法：

❶前置作業：有效的住戶意願

受訪的住戶要是有產權的土地及合法建物所有權人才是有效的，如果住戶只是承租戶，而沒有實質產權的話，還是得取得房東（就是屋主，要確認是土地及合法建物所有權人）的聯絡方式，直到問到房東的意願，才算是一份有效的問卷。

❷簡單的做法：訪談

開始進行訪談時，可以利用口頭詢問的方式，了解住戶們是否有更新的想法。

基本上，這個階段要問的是「想不想試著做都更」「願不願意開始思考都更的可能性」「要不要透過進一步的規畫，了解自己在都更裡的權利與義務」等。

畢竟，在這個階段很多都更的規畫都還沒有開始，此時或許很多人都持觀望或保留的態度，而我們的目的是在於了解住戶有沒有想要進一步對這個社區進行都更的可能性。

❸正式的做法：書面調查

除了非正式的聊天訪談外，也可以利用問卷調查，了解住戶對都更的態度及想法。

有些推動者會以張貼的方式來請住戶填寫，效果會比較差；最好能逐戶去說明，或是利用召開更新住戶說明會等公開會議的機會進行調查，效果會比較好。

都市更新意願調查表

壹、對都市更新的看法

一、請問你有沒有意願參與本社區的都市更新？
□願意；□考慮一下；□不願意，原因 ____________________。

二、未來本社區若成立都市更新推動小組，請問你願不願意加入？
□願意加入且願意參與運作；□願意加入，但不參與運作；
□考慮一下；□不願意，原因 ____________________。

三、你比較偏向地主自行辦理更新、委託建商或找代理實施者來執行更新？
□地主自行更新；□委託建商；□委託代理實施者；□不知道。

四、若更新重建，你想要分配房屋還是領取現金補償？
□分配房屋（續填第五題）
□領取現金補償（續填基本資料）

五、未來建築產品規畫為大樓，請問你需求約 ______ 坪 ______ 樓的房屋？
產品型態是□店鋪；□住宅？　停車位 ______ 個？

六、未來如果分配房屋，你是打算要自住，還是拿到產權後賣掉？
□自住；□分到後請實施者代為銷售；□分到後自己處理。

七、更新後分配房屋，如需要自己負擔更新費用，你可以負擔的最大金額為多少？
□50萬元以內；□51-100萬元；□101-200萬元；□201-300萬元；
□301-400萬元；□400萬元以上；□無法負擔

貳、基本資料

一、標的位置：______ 街／路 ______ 巷 ______ 弄 ______ 號 ______ 樓

二、標的目前居住狀況：□出租，所有權人 ______；□自有自住；□空屋

三、受訪者：姓名 ______；電話／手機 ____________________
EMAIL：______；地址：____________________

四、填表時間：民國 _____ 年 ____ 月 ____ 日

張教授真心教室

越早表態，阻力越少

都市更新的整合走到最後，關鍵往往在於不了解都更的住戶。

每位住戶的背後，都是一篇篇不同的故事，住戶如能越早表態，對於都更的推動，都是有幫助的。當住戶越早表示不同意或有疑慮時，推動小組成員就可從中了解住戶是否不了解某些觀念，並從反對、不了解的原因中加以處理。

因此，我們十分希望無論你是同意或反對，都越早表態越好。因為每個人的情況不同，也有不同的處理方式。其中有按照原則來走的，也有特殊情境來解決的。針對不同意都更的住戶，或許是由建商買下住戶的房子，或是由其他住戶們合買，讓都更可以順利進行。針對有貸款的住戶，也可以協調銀行處理相關事務。

除此之外，還有其他特殊例子，只要有心、有誠意，大都可以解決，住戶們千萬不要因為不了解就反對，最後交由法律途徑來解決——這才是真的划不來。

有系統的組織，凝聚住戶向心力

當得知某些住戶有意願進行都更時，整合住戶對都更的向心力是非常重要的。爲了避免住戶到最後成爲一盤散沙，甚至成爲小團體互相對抗，一定要整合住戶力量。

建立有系統的重建組織

無論都市更新的實施者是建商、住戶自組的都市更新會，還是找專業顧問公司做代理實施者，住戶們都一定要自己先組織起來，成立都市更新推動小組。如果社區有管理委員會，固然可以執行重建的工作，但別忘了，管委會的主要工作仍是社區平時的管理維護，而都更涉及的事務又與社區平時處理的事務大不相同。因此，建議透過區分所有權人會議，決定社區是否要都市更新，並先授權管委會來處理更新事務，直到社區另組都市更新推動小組爲止（自力更新模式）。就算最後是找建商或代理實施者來執行都更，社區裡還是要有一個對外組織，故該組織仍可持續下去。

都市更新推動小組的成員均爲土地及合法建物所有權人（這與一般住戶大會不同，住戶大會可能會是承租者來開會，但該組織的成員一定要是土地及合法建物所有權人），推動小組可以透過選舉的方式選出數位更新推動委員（或稱「幹事」），再由更新推動委員互選出總幹事（或稱「理事長」「執行長」都可以）。

在推選的過程中，建議推選符合下面幾點的人士，將更有利於都更進行：

❶對都市更新有基本了解

❷有公信力的人

❸熱心人士

推動小組的人數不宜太多也不能太少，以七到九人爲佳。

由於都市更新要決議的大小事情非常多，小組成立後，也可以制定相關的遊戲規則，例如哪些事情由小組決議即可，才不會勞師動眾。至於組成都更推動小組的相關議程模式，可以利用議事章程，或是都市更新團體設立管理及解散辦法來規範。

又因爲都市更新推動小組不屬於法定組織，因此僅代表住戶們的共同意識及對外窗口，而不具有法律上的權利義務關係。

建立聯絡資訊及管道

社區的住戶少則三十戶，多則數百戶，因此，建立起有系統的住戶聯絡資訊及聯絡網，對於未來舉辦任何說明會、公聽會時，十分有益。

推動小組可以透過地政事務所登記資料，先建立產權資料，並將住戶們的姓名、聯絡電話、地址做完整的整理。並以責任分區的方式，指派給負責的管理委員或推動幹事，做爲聯絡及溝通住戶們的管道。以我的木柵第一屋來說，每一棟都有一位主要聯絡人，以利都更事務的推動及連繫。

建立溝通聯絡網

重建的歷程既繁瑣又冗長，建議住戶平常沒事都可以聚在一起聊聊，或是建立網路社群（如臉書），增加彼此互信的基礎。這樣不但能夠有效溝通，並且釐清觀念，還能避免不正確的傳話及猜疑，以公開的方式取得所有住戶們的信任，有助於更新重建的推動。

張教授真心教室

推動小組成員也要學習和成長

都市更新是一件十分專業、繁瑣的事，社區中有熱心的住戶願意加入推動小組，犧牲時間、精神來協助都更，為社區住戶謀取最大的福利，無論是從何種角度來看，都值得給予支持與鼓勵。

身為推動小組的一員，要面臨的決議很多，其中大多數的流程都與法令有關，建議小組成員撥出時間，多閱讀都更相關法令、資訊。

無論社區是找建商當實施者，或是找代理實施者，推動小組均身負溝通、檢視的重大任務，在這個部分也建議多尋找相關資訊，或是閱讀相關書籍，為社區的權益把關。

最後，推動小組在進行任何一項決議時，絕不能悶著頭做，務必要做到「資訊公開、透明化」，隨時更新最新進度、公布報告書，帳戶收支更要照實公布。

現代人多半有網路信箱，推動小組的資訊，除了可書面公布外，也可寄發電子郵件，讓住戶可以即時、便利地接收社區都更相關事宜，將有助於住戶對推動小組的信任，將衝突降到最低。

都更小辭典

都市更新推動小組與都市更新會

❶都市更新推動小組：非法定組織，其目的在於讓現有的住戶們能夠組成一個有組織化的團體，有利於更新事務的推動，亦可名為「更新重建會」。

❷都市更新會：依都市更新條例第十五條規定，超過七人以上的土地及合法建物所有權人時，可以自組更新團體，為執行更新事業的主體，需依法申請籌組及成立核准。

更新進行中，住戶該做些什麼？

在都市更新的過程中，每一位住戶都是十分重要的，過程中有許多需要表達意願、決議的部分，如果住戶一路缺席，最後損失權益的反倒是自己。

住戶的權利與義務

由於更新事務很多，如有涉及重要決策，則應提送都市更新住戶大會（以下稱「大會」）來決議。住戶在出席大會時的權利與義務如下：

會員應享有的權利

❶出席會議、發言及表決權。

❷選舉權、被選舉權及罷免權。

❸其他參加都市更新依法得享受之權利。

會員應負擔的義務

❶出席會議。

❷繳納本會各項費用。

❸遵守本會章程、大會及理事會決議事項。

❹配合都市更新事業計畫。

❺配合權利變換計畫。

❻交付土地或建築物辦理都市更新。

❼其他參加都市更新依法應負之義務。

都市更新住戶大會的權責

❶訂定及變更章程。

❷會員之處分。
❸議決都市更新事業計畫擬定或變更之草案。
❹議決權利變換計畫。
❺議決權利價值之查估。
❻推動幹事及監事之選任、改選或解職。
❼團體之解散。
❽清算之決議及清算人之選派。
❾其他與會員權利義務相關之事項。

管委會委員／推動幹事的權責

❶出席管委會或推動小組會議、發言及表決權。
❷推動小組之總幹事（或執行長）之選舉與被選舉權。
❸配合管委會或推動小組執行大會決議事項。

管委會主任委員、推動小組總幹事（或執行長）的權責

❶召集大會並擔任大會主席。
❷召集推動小組會議並擔任主席。

❸對外代表本會。

管委會或推動小組的權責

❶執行章程訂定之事項。
❷章程變更之提議。
❸預算之編列及決算之製作。
❹都市更新事業計畫之研擬及執行。
❺權利變換計畫之研擬及執行。
❻權利價值之查估。
❼聘僱建築、估價方面之專業顧問。
❽工程之發包與驗收。
❾執行大會決議。
❿管理本會經費、設置會計簿籍及編製會計報告。
⓫聘任辦事人員辦理會務及業務。
⓬異議之協調與處理。
⓭其他經大會授權之都市更新業務。

社區都市更新推動組織圖

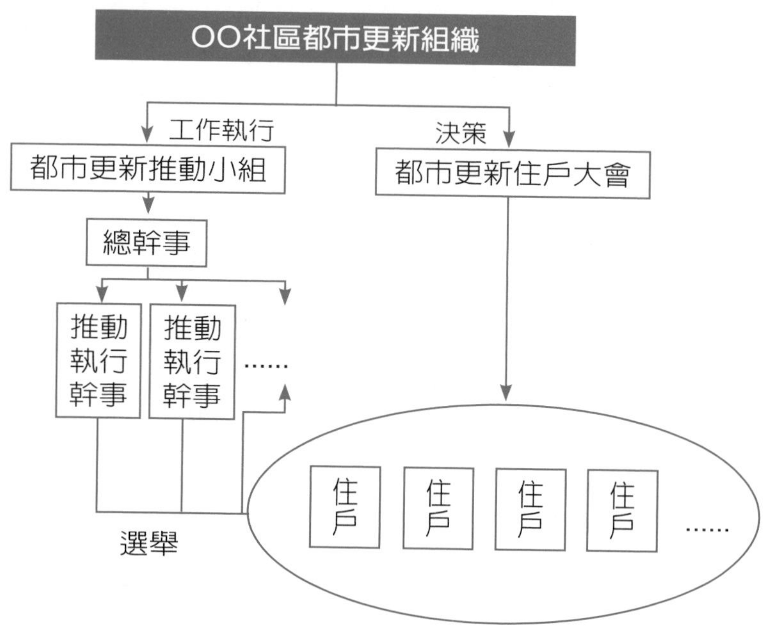

章程的擬定及同意

爲了讓更新推動小組在執行上具有一定的公信力，可以參考都市更新會組織章程的做法來規範住戶、推動執行小組的權責關係，當然也是要住戶們的同意，才能使住戶的力量凝聚在一起。換言之，都市更新的組織、章程及推動小組，一定要受到都市更新住戶大會的同意授權，這樣將來執行時才不會產生爭議。

遇到不願都更的住戶，該怎麼辦？

對於熱心於都更的住戶們，最頭痛的是一開始時就遇到不願都更的住戶。其實不願都更的住戶並不一定持反對意見，可能是對都更不了解，需要「都更領頭羊」或其他熟識的住戶更有耐心的溝通。

提供正確觀念

很多住戶因爲不了解都更，也不清楚重建後的分配結果，又擔心同意後無法改變，對於後續的事宜也不了解，所以通常都不會在一開始時就同意更新。因此，有必要在最初的階段就提供住戶正確的都更觀念。

由於此階段尚未進入到都更的規畫，很多事情都還不清楚，除了提供住戶正確的都更觀念外，也可以討論社區是否到非重建不可的地步、還是想要維持現況等，這些都可以透過社區檢視的方式做客觀的說明。

再者，都市更新必須要有一些前置規畫作業，例如估算容積獎勵、預設未來戶數、各戶坪數、車位配置、所需的重建費用及可能經費來源等。如此一來，住戶們才能得到他們想知道的答案，也比較有意願表達想法。

說明意願表達與事業計畫同意書的不同

由於都市更新事業計畫同意書的同意比例要多數決才能符合送件要求，因此剛開始只是初步表達自己的意見，同意後才能進一步做都市更新規畫。如果規畫出來的結果不符合住戶們的需求，那麼住戶們還可以透過都市更新事業同意書的不同意來表達反對的意願。雖然都更是採多數決，只要多數住戶同意就可以執行都更，但我們仍希望能夠獲得絕大部分人的同意，最好是全體都能夠同意。

都更的程序及要整合的事務（如建築設計的建築風格、平面配置、各戶面積、權利價值估算、產權分配、財務規畫等）十分繁瑣，如果因為一開始的不了解而反對，導致延誤時程，很容易就會失去都更的熱度，那麼社區大概很難再往都更的方向走了。因此，一開始正確觀念的建立，可說是未來整合社區住戶意願的基底，絕對不可忽略。

張教授真心教室

如何判定、排解釘子戶？

當社區住戶有志一同，決定要都更時，少數不同意的「釘子戶」就會成為都更是否能順利進行的關鍵。

釘子戶為了堅持自己的想法，而影響了都更的進行，甚至讓多數住戶「在外租屋多年卻回不了家」，非常容易受到其他住戶的排擠。雖然都更有「少數服從多數」的法令，畢竟人命關天，一旦釘子戶卯起來以死相抵，讓社區成為「命案現場」，不但想起來令人毛骨悚然，也會讓社會大眾對於強制拆除產生不好的觀感。

在我擔任都更審議委員時，我發現並非每一位不願搬離的人都是釘子戶。相反的，在許多人眼中所謂的「釘子戶」，背後都有很多動人的故事，將這些人冠上釘子戶的稱號，我個人覺得不夠厚道。

到底怎麼樣的住戶才是釘子戶？

個人認為，光憑實施者認定或住戶輿論判斷，不免有失公道，而由政府、第三公正團體及法院來判定，是比較公平公正合理的方式。由於已經經過法律程序，一旦被上述三方判定為釘子戶時，就要由公權力來執行拆除隔離，確保都市更新能夠順利進行。

那麼，如果無法認為是否為釘子戶時，又該如何是好？在此提出三個面向供思考：

❶幫忙解決問題

根據過來人的經驗，面對不同意都更的住戶，最重要的就是找出他們不願意都更的真正原因，然後再集思廣益，思考如何解決問題。

❷分離為整建維護

當都更範圍夠大時，可以將不同意都更的建築物分離為整建維護，即不必拆除重建，只需「拉皮」成與都更後的新建物相同的外牆或同色彩等即可，讓此更新範圍不會因為幾棟建築物而看起來很突兀。

❸劃離更新範圍

如果該棟建築物的住戶說什麼都不願意都更，也可以重新申請劃定，讓該建築物劃離更新範圍。

張教授與估價師對談

對談者：台北市不動產估價師公會　陳玉霖理事長

主題1：權利變換到底是怎麼一回事

主題2：都市更新的估價問題

張：在都更中，權利變換如果談不攏，似乎就沒辦法再繼續走下去，你對這件事有什麼想法？

陳：其實都更最重要的應該是改善居住環境（大環境和小環境），可是談到最後，每一位權利人問的都是：「我可以分到多少坪？」可見權利變換是很重要的關鍵。權利變換是一種分配計算的方式，簡單來說，也是一種合建的概念。一般傳統的合建，可能三七或四六（如建商拿三成，地主拿七成）；在權利變換中，實施者（建商）會先用共同負擔費用除上總銷金額（此為建商可分回的比例），此比例即是一般合建概念，建商可分回之價值比例，實際建商可分回面積，係以共同負擔費用除以更新後房屋之建坪單價。

換句話說，權利變換是用價值來計算。我們估價師的做法是：第一步先將土地分成數宗土地，選跟都更區其他土地較接近的一宗土地（比準地）估算合理地價，再從這個比準地價值來推算其他的土地。以張教授第一屋的案子為例，總共有三宗土地，我們就先選一宗土地，再去推其他兩宗土地，這麼一來就可以將三宗土地價值計算出來。如果土地上有區分所有權建築物，比如五樓層公寓或十二層大樓，就要再分算每一戶房子之土地價值。

張：協議合建跟權利變換最大的不同在哪？

陳：協議合建和權利變換有很大的不同，差異在於協議合建一定要百分之百地主同意，合建條件多半是在檯面下談，因為已經過百分之百權利人協議通過，財務計畫不用再經政府審核，財務數字之真實性較不確定；權利變換則是政府機構組成都市更新審議委員會，就相關財務計畫進行公開審議，所有財務計畫資料都必須公開，遊戲規則很清楚，兩者是不同的。

張：不過，一般民眾都覺得權利變換很複雜、聽不懂。

陳：沒錯，因為權利變換比較複雜，地主很難了解，所以聽到最後都會問一句：「到底我可以換到幾坪？」後來，台北市政府就出現「一坪換一坪」的口號。這個一坪換一坪就很有玄機了！所謂的「一坪」，要怎麼去算？是「權狀面積」或「室內面積」？現在的一般說法是室內坪數要換回室內坪數，讓實質居住空間沒有減少，但有時必須考量都市更新容積獎勵面積，並不是每個個案都能滿足一坪換一坪的條件。

除了坪數外，權利人第二個在乎的就是分回房屋之價值。分回房屋之價值就跟建商投入的建材等級、產品定位及建築設計等有關，所以，今天如果選到好建商，更新後的房子價值也會比較高；如果選到不好的建商，雖然分回的坪數一樣，實際價值也不同。而好的實施者跟不好的實施者在用心程度，包含建材設備等級及造價成本也會不同，像同樣結構是RC構造，建材等級好壞可分為一級、二級、三級，造價成本會因建材等級好壞而有所不同，更新後分回之房價也會有所差異。

張：回到估價，你遇到最大的問題是什麼？

陳：我想是分配的問題。我們以每一戶的土地持分、坪數都相同來舉例，有的人會認為房子拆掉後，大家擁有土地面積都一樣，所以要平均分配更新後價值。可是頂樓的權利人就會說：「我原本有加蓋面積，可使用面積多出很多。」或是一樓的權利人會說：「我一樓店面價值高，怎麼可以跟其他住戶分的一樣？」在估價上，有「立體地價」的概念，就像我們在買房子時，也有不同樓層、不同價位的差異，都更估價也是如此，會就使用價值上來增加（但不會加很多）。

一般來說，價值差異較大的是一樓和頂樓，像有些一樓有庭院、地下室，權利人就想要拿多一點建物面積；而頂樓有加蓋，如果是不合法的違建，到底要不要給多一點？這就跟權利人之間的協調有關。雖然在違章建築的部分，有相關建築物拆遷補償費用，但跟實際市場所謂之使用權價值有些差異，這時候五樓的權利人到底能不能接受也是問題。

當然，如果實施者是建商，針對一樓與五樓想要多分一點的權利人，或許可以私下「喬」，但也絕對不會公開。但要是換做自主更新會或代理實施者，因為所有資訊都採取公開透明的方式，如果權利人不願意或想要拿很多，類似的都更案通常就很難繼續下去。

張：那你怎麼看實施者呢？

陳：實施者很重要，除了剛才提到的創造價值外，因為餅就只有一塊，實施者當然也希望可以分多一點。然而，現在的地主通常都會找很多組實施者來做簡報，並選擇未來可以換到最多坪數的實施者，而忽略比較建商產品規畫的能力，應該要找有相同實力的實施者來比較才對——有的實施者雖然給了較多的坪數，但蓋出來的房子品質卻很差，實際分回房屋之市場價值也較低，相信這也是地主所不樂見的。

張：都市更新跟一般房屋銷售最大的不同是以土地價值來分算權利價值，現在都市更新在估價上的問題，一個是登記上的法定價值，一個是市場價值，這兩個衝突要如何解決？如果有調整空間，又是會多少？

陳：我先說明頂樓加蓋的部分，在房仲市場上會看加蓋的材質，如果是磚牆，價值會比較高；如果是鋼架，價值就比較低。因為建材決定頂樓增建可使用之年數及維護成本，而頂樓加蓋只有使用權，沒有建築物所有權，也不合法，更沒有土地持分。建築物一旦損壞，能不能再重新建築都是問題，所以是以一般市場使用價值約一般房價之三成到五成來算。以都市更新的角度來看，頂樓僅能列入違章建築拆遷補償費用來補償，一般頂樓樓層之效益，我們會估算較一般樓層效益高出約五％到十％。至於一樓的部分，在房仲市場上認定的價值本來就比較高，但在都市更新的角度來看，一樓的估價跟臨路條件、是否有店面效益、騎樓大小、增建使用的方式等都有關係。所以，同樣是一樓，估出來的價值通常會不同（但不會加太多），如果增建是不合法的情形，我們在估價時就不大考量增建效益。

張：所以一般來說，一樓的價值大概會多出二、三、四樓層的二十％到五十％？

陳：沒有那麼多，如果一樓是住家，要看前後院的可使用面積及臨路條件來決定，通常十五％到三十％就很多了。但如果一樓是店面，計算起來就會比較複雜，因為繁榮商業地區與一般商業地區的商業效益差很多。

張：有可能差到四、五倍嗎？

陳：有可能。

張：現行法規規定估價師是由實施者委託，所以估價的結果會對實施者比較有利？

陳：估價師除了必須扮演公正客觀的第三者外，還得滿足實施者預期的財務目標。尤其是更新後的價值，實施者都有一些預期價值存在，因此在兩者之間，估價師到底要如何判斷，才不至於發生衝突？就我所知，每家事務所都有自己的判斷底線，估價結果必須要根據一些已存在之交易資料進行評估，如果逾越此底線，事務所之公信力將很容易受到挑戰，對於事務所之長期經營並非好事。因此，超過這條底線時，許多較有信譽之事務所就選擇不接受委託。

張：有不接的，當然也有願意接的？

陳：每家事務所考慮到業務壓力不同，有些新進事務所希望在都更估價方面有相關承辦經驗，有可能會去遷就實施者已簽定之相關協議合建內容，並選擇接案。這個部分，我們多次向營建署及各地方政府更新處建議，希望能夠在委託估價之制度上訂出較均衡的制度，讓估價師有獨立估價的環境，扮演客觀公正的第三者，評估結果也比較不容易受實施者影響。不然每次只要有「價格低估」的相關新聞出現，大家就把矛頭指向估價師，我們也很為難。

張：那我們要怎麼選擇估價師呢？

陳：目前在不動產的估價上，「台北市不動產估價師公會」成立了都市更新事務委員會，委員會成員有固定時間的聚會，針對現行都更問題及所面臨都更的技術問題進行討論，成員間多半會互相提醒、進行職業道德之約束，但我認為要讓估價師真正做到中立，最大的關鍵還是在於制度的修改。

第六課

都更實施者，誰來主導大不同

建　商：都市更新我有經驗，照我說的絕對錯不了！

住戶甲：我怎麼知道會不會被你騙？

住戶乙：我也有認識的建商喔！他們可以分給我們的比較多！

住戶丙：難道除了找建商外，沒有別的方式嗎？

說到蓋房子，大家第一個想到的就是建商。

都更的實施者，目前大多是由建商主導。如果把都更案當成一家公司，那麼實施者就像是公司的CEO（執行長或總經理），地主們則是公司的股東。由於實施者是地主們選出來的，所以必須站在善良管理人的立場來思考，爲地主們謀取最大福利。

除了由建商主導外，近來代理實施者也漸漸興起，再加上地主自力更新共三種方式，無論選擇哪一種，都更都需要相關專業人士一起來幫忙完成。

01 實施者為建商，大家一起來幫忙

所謂的「實施者」，即執行都更事業的主導者，負責統籌都更所有事務。

目前的都更案中，實施者大都以建商爲主，但是要完成一件都更事業，不是只有住戶們同意就好了，還需要很多專業人士的協助，像是顧問公司（或建築經理公司）、建築師、估價師、銀行、營造廠、地政士、會計師、代銷公司等。簡略說明如下：

顧問公司：擬定及協助申請都市更新事計畫及權利變換計畫書圖、協助都市更新的說明會、更新流程管理、協助貸款等事宜。

建築師：協助都更基地的建築規畫、營造監督。

估價師：協助實施者估算土地價值、分配單元的房地價值、權利變換等。

銀行：貸款給都市更新專案，並協助辦理信託。

營造廠：專業的蓋屋者。

地政士：即大家熟知的「代書」，辦理產權移轉登記。

會計師：都市更新專案帳務的監察者。

代銷公司：協助房子蓋好後的銷售。

這些不同專業顧問，原則上是要由都市更新事業的執行主體，也就是實施者找人或自己進行。以目前的都更案來看，實施者以建商居多，一方面由於住戶覺得自己動手進行都更並不是那麼容易，另一方面則是大家多半習慣以過去的模式來思考，認爲建商的工作就是要搞定都更所有的工作，與傳統上「建商統包所有建築工作」的想法比較接近。

然而在實務上，建商規模有大有小，且不見得具備都更的所有專業，因此，也有可能是由建商去找其他專業人士來協助處理都更的部分事務，而建商只要負責統籌、協調及專業管理的工作即可。

除了建商爲實施者外，以住戶爲實施者，並請專業顧問擔任都更流程協助的代理實施者方式也開始萌芽，接下來將詳細說明。

都市更新相關專業工作分工表

更新事業流程	誰可以來幫忙	做什麼事
事業概要擬定	建商 顧問公司 建築師	＊確認更新單元範圍是否符合單元劃定基準（必要時需擬定都市更新計畫） ＊初步估算容積獎勵額度及財務計畫 ＊提出初步更新及建築規畫圖（建築師） ＊事業概要書圖製作 ＊召開概要期間公聽會 ＊協助實施者與其他住戶溝通
實施者決定	建商 顧問公司	＊協助社區評估實施主體差異 ＊社區決議實施者 1自組都市更新會——協助籌組及成立都市更新會 2委託代理實施者——協助尋找代理實施者（或更新規畫顧問公司本身就可以擔任代理實施者） 3委託建商合作興建——協助尋找優良建商（或已有建商自己進場要協助更新，此一步驟可省略）
更新事業計畫規畫	建商 建築師	實施者： ＊估算容積獎勵額度及計算方式 ＊配合建築規畫估算更新事業財務計畫 ＊舉辦規畫期間公聽會 ＊找銀行專案融資並協助議約及信託（都市更新會或代理實施者） ＊與政府及相關顧問公司意見協調溝通 ＊都市更新事業計畫書圖研擬、配合修改及審議申請等作業

		建築師： ＊建築設計規畫理念 ＊基地周圍關係與界面處理 ＊規畫設計之公益性與綠建築說明 ＊建築設計各樓層平面配置圖 ＊外觀透視圖（3D立體模擬） ＊建築樓層及量體面積計算（含法規檢討） ＊環境景觀及防災避難逃生計畫
權利變換計畫規畫	建商 顧問公司 估價師（三家）	實施者／顧問公司： ＊計算共同負擔 ＊協助權利變換申請分配作業 ＊協助舉辦規畫期間公聽會 ＊權利變換計畫書圖研擬、配合修改及審議申請等作業 ＊與政府及相關顧問公司意見協調溝通 估價師： ＊估算更新前土地價值 ＊估算權利變換關係人之權利比例（含法建物所有權人、地上權人等） ＊估算建物殘餘價值 ＊估算更新後各分配單元之房地價值 ＊提出鑑價報告並簽證

更新執行期間
建商 顧問公司 建築師 營造廠 地政士 會計師 代銷公司
實施者／顧問公司： ＊協助補償金發放作業 ＊協助稅賦減免申請 ＊協助申報事業計畫、權利變換計畫及預算等執行情形（都市更新會） ＊釐正圖冊（更新後建物面積與計畫面積差異） ＊擬定都市更新事業成果報告 建築師： ＊申請建築執照 ＊都市設計審議（依實際狀況而定） ＊建築營造監工 ＊申請使用執照 營造廠： ＊營造工程施作 ＊依工程進度向實施者（或貸款銀行專戶）申請工程款 地政士： ＊更新後產權（權利變換）登記 會計師： ＊編列會計相關報表及報告（都市更新會） ＊清算期間收支表、剩餘財產分配表與各項簿表（都市更新會） 代銷公司： ＊負責多餘房屋或實施者（建商或代理實施者）取得房屋行銷廣告銷售

建商主導都更，這樣思考保權益

建商近日到林太太家登門拜訪，希望她能同意讓建商辦理都更。林太太心想，建商有經驗，又有經濟實力，一定可以在最快時間完成都更，說不定兩年後她就有新房子可住……但是自己單方面同意可以嗎？而且也不知道這家建商會不會騙人？

小心中人建商

現在有很多自稱是「都市更新開發公司」的人來談都市更新，這樣的公司有可能是所謂的「中人」建商，他們的主要工作在於整合地主，取得同意書之後，再把這個更新案整個盤（賣）給眞正開發的建商。

這類型的中人建商有時爲了取得同意書及授權，會依公司法成立股份有限公司，讓地主可以委託他們實施更新。通常他們會在取得一定比例同意之後，再去找眞的要興建的建商來擔任實施者，將開發權賣給對方，而接手的建商一般會等到更新事業計畫通過後才接手，這時只要變更實施者就可以了。當然，更換實施者一定要經過地主同意，所以住戶們必須注意的是合建的條件有無變動，之後再決定同意與否。

還有一些中人建商會在地主簽署的「同意書」上，將實施者的位置留白或塡上已經談妥的建商名稱，這麼做就連實施者變更的步驟都省略了！如果出現糾紛，對地主一點保障都沒有（尤其是談的條件不同時），所以在簽同意書時一定要看清楚實施者的名稱。

看清協議內容

當有建商來談更新時，代表對這個地區有基本的概念或評估。由於建商統包了所有的專業工作，所以很多地主都樂得輕鬆，只要談妥分配條件，更新案大致都可以繼續進行。在所有更新案中，就屬這種直接談協議合建的方式爲最多，由建商提出分配條件，地主同意就簽一份協議合建契約，都市更新的同意書反而是附件，其目的在於爭取容積獎勵。

更新分配速算表

項目	速算公式	範例1	範例2	範例3
營建費用（萬元／坪）	A	12	12	10
房價（萬元／坪）	B	75	40	40
建商分回	C＝A×2÷B	12×2÷75＝32%	12×2÷40＝60%	10×2÷40＝50%
地主分回	D＝(B－A×2)÷B＝1－C	(75－12×2)÷75＝1－32%＝68%	(40－12×2)÷40＝1－60%＝40%	(40－10×2)÷40＝1－50%＝50%

這樣的分配條件究竟對地主還是建商比較有利？其實還看不出來，也有許多地主在等待更好的條件時，造成時間延宕，更嚴重還會導致更新案胎死腹中。

要如何判斷分配條件的合理性，可以簡單的從該地區的土建比來看。換言之，在每坪房價中，土地成本與重建費用（包括營造費用、建築規畫設計費、都市更新規畫費、貸款利息、管理費用等）的占比（一般稱土建比）可以作爲分配比例的參考。在此提供讀者一個速算法，有助於了解住戶與建商的分配關係。

由於重建費用中，營造費用的比例最高（約六十％到七十％），可以從營造費用來反算重建費用（大約占一．六倍左右），再加上建商利潤（約三成左右），加總起來，建商分回去的部分大約是營建費用的兩倍（=1.6×1.3=2.08）。

建商與地主之間的分配關係可以從營建費用

與房價來計算，也就是建商分回的是營造費用乘以二除以房價，其餘就是地主分配比。

例如：中正區房價約七十五萬元／坪，一棟地上十四層、地下兩層建築物的營造成本約十二萬元／坪（普通等級，若用更好的建材、結構，價格更高，而層樓越高，地下室越深，造價會更高），那麼概略來說，建商先要分回的比例約三十二％（＝12×2÷75），而地主則回分六十八％（＝1－32％）。

但是，文山區的房價約四十萬元／坪，以相同等級的建築來看，則建商要求分回比例達六十％（＝2×12÷40），地主僅能分回約四十％（＝1－60％）。當然，這時地主也可能會降低建材等級，若這時調爲十萬元／坪的營造費用，那麼建商與地主就成了五五分了（＝2×10÷40）。

張教授真心教室

建商的利潤在哪？

在都市更新的費用中，有一筆給實施者的十％到十二％風險管理費。

事實上，以都市更新實施的年期來算，有整合期、計畫審核期與興建期，假設整合期約三到五年，計畫審核期約一到二年、興建期三年，加起來就要八年。八年的時間，實施者只收十%到十二%的風險管理費，說實話，這樣的利潤是很難吸引實施者（建商）的。

既然如此，究竟有什麼其他利益，讓實施者搶進都市更新案呢？其中的眉角，就在於「共同負擔」及「估價」。

以共同負擔來說，雖然實施者會列出共同負擔的費用，但這筆費用與真正發包的金額是否相同，就很難確定了。（有一說為十%的利潤。）

再來是估價。雖然估價有公認的標準，也有一定的彈性可調整，但在估價師是由實施者找來的情況下，實在很難避免「將更新後的價值取合理價格的下限」的情形。（利潤約十%到十五%。）

這樣算起來，實施者在進行都市更新時，就有十%到十二%的風險管理費，以及十%的共同負擔費用利潤，再加上十%到十五%的估價利潤，加起來至少可以拿到三十%的利潤，對實施者來說，才有所謂的「賺頭」。

從十二%到三十%，民眾或許認為實施者「賺很多」，不過從另一個角度來看，實施者也是有風險的。因為實施者拿的不是現金，而是分回房子，至於未來房價是高是低，就有一定的風險，只能說，聰明的實施者早就將這個風險算在內了！

協議合建與權利變換的差別

在與建商談更新時，雖然簽了一份協議合建契約，建商會在協議合建裡要求的附件是要簽都市更新的同意書及權利變換分配申請書。

因爲目前法規有些稅賦減免是只針對權利變換，所以會有建商跟地主談的是合建，但仍會送一本權利變換計畫給政府審議。通常合建條件會略優於權利變換計畫，以爭取地主的同意。如果擔心合建分配的條件比權利變換計畫差，那麼可以在合約裡加注「擇優條款」。

由於權利變換有稅賦上的優惠，因此會成爲實爲協議合建的漏稅管道，所以在與建商協議同時，也要注意未來稅賦上的問題，否則不但沒有稅賦優惠，反倒變成逃漏稅，而必須面臨補稅及罰鍰的問題。（關於權利變換的詳細說明，請見〈第八課〉。）

合建契約書及權利變換協議書應注意的重點總整理

項目	說明	協議合建契約書	權利變換協議書
合作關係	說明雙方以都更方式合作興建房屋。	以契約所約定之分配、權利義務關係為主，無權利變換計畫。	以權利變換分配為主，補充權利變換計畫未說明部分。
標的	更新單元範圍、面積，地主需提供土地建物之所在、面積。	檢查自己的土地是否在範圍內。	同上。
合作方式	實施者與地主的合作關係，實施者負責都更執行、建築規畫、營造等工作；地主提供土地、更新同意書。	出具都市更新事業計畫同意書時機，並以本契約為附件。	同上。
建築規畫	結構、量體（含都更容積獎勵）、配置（含外觀、平面圖、室內及公設面積）	所談的建築規畫內容可做為契約之附件。	同上。
房地分配原則	地主預計分配價值（含找補）或面積位置（或實際、或原則）。	位置分配原則以原樓層分配為優先，但位次不足先協議。面積分配要有計算公式、過程及結果。以有利於地主之分配從優選擇。	同上。分配需以權利變換計畫核定為準。
信託管理	地主提供土地，實施者提供資金共同信託；信託專戶設置。	地主土地無需抵押或做建融之擔保品。	實施者為代理實施者時，會要求地主提供土地做建融擔保。不參與信託融資者之分配方式。

稅賦負擔	相關稅賦由誰負擔。	無權利變換下之稅賦優惠。	權變計畫有稅賦減免優惠。
工程營造	建材、施作等規範；工期；保固約定；建築設計變更；鄰損處理等。	施工期限宜約定為「日曆天」；變更工程負擔及認可。	同上。
交屋	交屋方式。	按一般預售屋約定。	同上。
銷售	委託代銷之手續費、售價約定。	委售合約另訂。	同上。
清算	找補方式、餘屋處理及風險管理費分配、信託專戶結算。	無	實施者為代理實施者，需約定找補方式、餘屋銷售、信託專戶結算、風險管理費分配等事宜。
解約權	合約中止條件。	注意地主在何種條件下可以主張解約，同意書撤回之權限。不宜只有實施者可片面解約。	同上。
違約處罰	違約之處罰。	例如時程延宕、施工品質、建材未依約定等。	同上。
其他	訴訟管轄、通訊送達附件效力等其他事項。	按一般合約關係約定。	同上。

張教授真心教室

都市更新的分配——協議合建與權利變換

都市更新因為有容積獎勵，更新後的建築規畫設計也跟之前的建築物不同，因此「如何分配」往往是居民在談都市更新時所關切的重點。

就都市更新條例來看，比較常見的分配方式有協議合建與權利變換兩種，兩者的差別在於協議合建比較像是傳統合建的概念，一般都是以建商來做更新為主，也就是跟建商合建分屋，並將合建協議的條件納入協議書裡，等於是跟建商約定好如何分配。

至於權利變換，則是按照都市更新條例及都市更新權利變換實施辦法來進行，有法規可以操作，會有一個公開透明的分配模式。另外，在法令規定下，也有稅捐上的減免。當然，也因為程序是公開的，所以時程也會比較久。

選擇優質建商

建商相當於建築業的百貨公司，本身不可能具備所有的專業，而住家品質又是住戶最在意的，因此，找到好建商，住到好房子，無疑是讓未來數十年生活品質更好的關鍵。

在選擇建商時，可以從建商的過去信用、資本額、更新經驗（有更新經驗的建商比較了解相關法規）等條件來判斷，先探門風。

我在《張金鶚的房產七堂課》一書中，針對「建商是否值得信賴」時，建議以「刪去法」屏除五種建商如下：

❶只有一次推案的建商（俗稱「一案建商」，多爲沒有經驗或不願負責的建商）

❷非「建築開發商業同業公會」（簡稱「建商公會」）成員的建商

❸連官網都沒有的建商

❹過去紀錄不良的建商

❺不以公司名義，而用「某某關係企業」進行宣傳的建商

此外，了解對建商在建築施作品質的要求，以及售後服務的品質方面，也是十分重要，畢竟台灣的地質較脆弱，施作品質要夠專業，而房屋的售後服務更不能小覷——尤

其是房子一住就是幾十年，負責任的建商會為了房子日後好維護，在各個環節上都謹慎以對。好的建商不一定是名氣大的建商，在業界，也有小而美的建商，雖然名氣不大，只要詢問與建築相關行業的人，都可以找到相關資料。（更多詳細內容，請見《張金鶚的房產七堂課》。）

張教授真心教室

尋找建商時，請思考風險

在評估建商時，如果只以誰給的條件好就選誰，而沒有考量到背後的風險，是十分冒險的。在都市更新中，選錯建商需冒以下兩大風險：

❶房子蓋不成的風險

案子是否蓋得成，不能只看都更書圖上的財務，那是帳面上的財務。比如公司資本一千萬，要做幾十億的案子，可能嗎？如果公司財務資本額不足，就會有蓋不蓋得起來的風險。

❷房屋品質風險

如果建商偷工減料，在都更書圖是看不到的，而且只有一本報告，上面既沒有監查表，也沒有約定品質等，這些都是地主在選擇實施者時應該要重視的，如果地主只看條件、比例、坪數，或許會有風險。

目前在房價上漲時段及地區，只看分配條件或許可行，但如果是在地段比較不好的區域，或是當景氣反轉時，都更案會不會變成爛攤子，導致最後必須由政府接管，或是時程被拖延呢？建議地主在選擇建商時，在考量分配比之餘，也要將風險一併思考進去。

實施者為地主，這些細節要注意

陳先生平日就喜歡做些小家具送給鄰居，退休在家的他，十分熱心參與社區事務，對於都更也有一股熱情，希望可以集合大家的力量，以自力更新的方式進行社區都更。但如何進行如此繁雜的都市更新呢？

住戶自力更新四步驟

前面提過，當地主不想找建商擔任實施者時，可以由地主自行組成更新團體，稱之為「都市更新會」，也可以由地主委託都市更新事業機構（目前在都市更新都是以建商爲主）來辦理都市更新。如果你也想要自己辦理都更，不妨參考以下四個步驟：

步驟一：先找到七位地主

要自力更新，依照都市更新的規定，首先要更新範圍裡有七位以上的地主才能組成都市更新團體。建議透過現有的管委會組織，或是找一些熱心的居民先開始發起。

在最初，大家總會擔心都更到底能不能成功？這時可以透過問卷方式來詢問其他住戶的意願，另外也可以召開住戶大會，以表決方式來決定要不要進行。無論是用問卷或召開住戶大會，一定要說清楚這個社區為什麼要更新？更新的目標又是什麼？激發起大家想更新的意願，這樣才有辦法推動下去。

當然，在這個階段可能更新的建築規畫與產權分配都還沒有想法，所以居民們大多會持觀望態度，少部分甚至對都更還是很陌生，因此可以透過舉辦都更說明會，並請專業的顧問公司來協助說明。

成立都市更新會是實施主體的選項之一，社區也可以採委託實施的方式來進行，剛開始大家或許也會擔心居民不支持，而無法推動更新，如果不想一開始就自組更新會，也可以利用現有管委會來討論，或者組成更新推動小組（見〈第五課〉，不必完成法定報備的程序，但必須有一定的決策及運作能力）的模式來先啓動更新。

都市更新在經過初步的評估之後（社區可以協請專業顧問公司來試算），就可以知道更新的利基足不足夠，也就是可以爭取多少獎勵容積、能不能用一坪換一坪等疑問，都可以有初步的答案。此外，也可以進一步向社區住戶說明找建商及自己辦更新的差異之處。

步驟二：籌組都市更新會

如果居民已經決定採取自組都市更新會的模式來辦理更新，那麼在更新會在成立之前，最好有七人以上做爲更新會的發起人，然後準備事業概要、十分之一更新事業概要同意書（若超過更新條例第二十二條多數決的比例，就不用事業概要）、章程草案、發起人名冊及產權謄本等。

步驟三：召開成立大會前的工作

籌組的公文下來之後，要先討論何時要召開成立大會，並在會議前二十日寄送開會通知。成立大會的重點在於決定更新會的章程及選出理監事，因爲這些都是屬於重大決議，所以同意人數是要按都市更新條例第二十二條的比例來計算。

步驟四：成立都市更新會送件

成立大會召開後，先選出理監事，再由理事互選出理事長，做好一份圖記印模，加上成立大會的會議紀錄、會員名冊、理監事名冊及章程，就可以送到管轄的縣市政府來申請都市更新會的成立了。

自組都更會前的評估

社區住戶如果願意自組都市更新會，足見住戶中有十分熱心的人士，但都更項目繁瑣，自組都市更新會前，可評估更新會成員們是否具有下列能力：

專業能力評估

由於都市更新會是地主的組合，都更所牽涉到的專業領域又很廣泛，包括都市更新規畫、建築設計規畫、營建工程等專業，不見得每個社區都有人懂所有的專業，如果每件事都要自己來，到後來可能會發生吃力不討好的情形。

決策能力評估

在都更的過程中，需要做決策的時候非常多，這些決策也免不了需要專業能力來輔助，有時光是選用哪一種磁磚，就可以讓會議延宕。即使大家都快速的做出決策，也可能會因為專業度不夠，或是盲目的下決策，難保決策正確無誤。

重建經費評估

再者，更新重建最大的問題在於：重建經費從哪裡來？重建所需要的金額十分龐大，必須向銀行借貸，光是這一關，就很難得到銀行的同意；就算銀行願意專案融資，借貸時銀行也會要求更新會理監事擔任連帶保證人，但理監事也不見得願意做融資的連帶保證人；就算願意做連保，其他地主也可能質疑理監事有沒有做出圖利自己的決策。

在實務上，大部分以更新會方式運作成功的都更案，都集中在九二一震災重建的集合住宅上，主要原因是社區有立即重建的必要，並由九二一基金會的臨門方案取代了銀行融資的角色。在沒有建商、沒有獲利，甚至要自己拿出錢來蓋，才能重回家園，這時可以協助受災戶重建的方法，就只有成立更新會才能繼續走下去了。

由於財力是都市更新會運作時最顯著的困境，目前中央公布的「中央都市更新基金補助辦理自行實施更新辦法」，將補助都市更新會之更新事業計畫費用（含更新會之行政作業費）。

張教授真心教室

社區要有社區社會責任

社區辦理都更時，如果想的都是如何利用都更賺大錢，那麼其實就已經失去都更的本意了。

都更是要使都市更美好，而容積獎勵不過是一種鼓勵的手段。然而，現在的都更卻成了追求高容積獎勵，而忽略了都更是要改善都市環境及生活機能。社區應該要有一些對社會及都市環境有一種負責任的態度，稱之為「社區社會責任」（Community Social Responsibility，簡稱CSR），正如同一些企業在賺錢的同時，也需對這個社會負責任一般。

當社區能自己扛起社會責任時，社區更新所追求的就是如何使這個都市環境更加美好，而不會只是想著一坪換一坪，靠都更賺大錢而已。

都更新趨勢——找代理實施者

前面提過，不想由建商主導，又覺得自力更新太困難且麻煩，此時還有第三種方法，就是找代理實施者進行更新。

除了建商之外，地主也可以找專業顧問公司來擔任代理實施者，並透過現有的管委會機制，或是成立都市更新推動小組等非正式組織，來達到社區共同意識表達的對外窗口，同時也爭取住戶們的認同，做為社區住戶與代理實施者之間的主要溝通橋梁。

代理實施者的崛起

從都市更新過去的歷史經驗來看，可以觀察到都更致勝的關鍵在於要有一個執行主體，這個執行主體所承擔的重點在於有能力或引入專業團體來操作都市更新，對於重建費用的取得，無論是自有資金或透過融資貸款，也有一定的能力。

雖然自力更新所成立的都市更新會可以將獲利回歸到地主身上，但本身如果沒有都更的專業能力或取得銀行貸款，那麼即使是成立了都市更新會，也沒有辦法繼續推動都市更新。

另外，如果是委託建商，可能建商有能力自行或委託專業顧問進行都市更新規畫，重建的費用也可以自己出資或找到銀行貸款，然而地主也可能擔憂所簽的協議書是不是公平？自己的權利有沒有得到保障？建商有沒有隱瞞資訊而獲取原本屬於地主的利益，造成建商與地主之間的猜疑與不信任？

基於上述種種原因，地主們也在思考：是不是可以找一個具有都市更新專業規畫能力的顧問公司，來協助自己辦理都市更新，可以兼作實施者，同時又能協助地主們找到更新重建的資金呢？於是，代理實施者漸漸受到重視。

代理實施者的優點

代理實施者可說是掛名的實施者，有經驗的代理實施者對於都更的作業流程熟悉度高，有助於都更的速度。另外，基於都更前期仍然需要費用的支出，代理實施者本身勢必也要有一定的財力。

可先支付更新規畫期間的費用

有鑑於社區在前端更新規畫期間，尚無能力支付前期更新實施及相關專業顧問費用（包括建築規畫設計、都市更新規畫、權利變換、估價作業、測量、地籍整理等），一般而言，代理實施者都會先支付這些相關費用。當然，這些費用都會納入都市更新事業計畫中的財務計畫及作爲權利變換的共同負擔，未來再由更新後的房地來支付。

為社區找銀行、辦信託

代理實施者也會幫社區找到銀行受理專案融資，透過信託的方式操作（也就是把專案貸款的重建費用、地主們的土地，甚至起造人都一併信託在一起），而後續再將每位地主所承貸的金額，利用權利變換登載到產權裡。

為重建後社區找代銷公司

另外，重建後的社區將會有多的樓板面積可以銷售，所以代理實施者也會協助社區找到代銷公司來出售這些多出來的房子。當然，這些銷售的錢也要回到信託專戶內，以減少每戶眞正的負擔。如果地段好，甚至可能降低到住戶不但不必負擔新的貸款，還有可能分回房子。

代理實施者的缺點

以下幾點爲代理實施者的缺點，供讀者做參考。

需自行整合住戶

由於代理實施者的身分與建商不同，通常代理實施者會希望社區住戶先行整合，待整合到一定的程度時（約六到八成，視各家代理實施者而定），代理實施者才會進入協助接下來的整合，並執行後續的都更流程。

難以判別優劣

代理實施者並非建商，加上都更在近期才給予代理實施者確定的位置，不像建設公司早就有品牌，因此對於住戶來說，較難判斷代理實施者的優劣。

缺乏行銷的敏銳度

建商長期在房屋市場推出新屋，對於房子的規畫、行銷操作較拿手，代理實施者在面對這一塊時較缺乏經驗，必須找專業人士來協助。

誰可以當代理實施者？

目前，政府相關法令對於代理實施者並沒有太大的規範，導致中人、代書也來擔任代理實施者，衍生了不少問題。爲了避免日後不必要的糾紛，建議住戶們在選擇代理實施者前，先想清楚你重視的是什麼？

如果覺得找直接蓋房子的人來當代理實施者才安心，那麼口碑良好的營造廠是不錯的選擇。

如果覺得都更流程很多，不想自己來，卻又擔心自己不懂得蓋房子的各種眉角，希望有專業的顧問可以協助所有事情的溝通及監督，那麼不妨尋找有都更經驗的建經公司來當代理實施者，討論需要協助的事項。

監督都更——找專業顧問公司

林太太的社區決定以代理實施者的方式進行都更，可是什麼都交給代理實施者處理，感覺總是怪怪的，好像還需要監督代理實施者的角色才行。問題是，社區中沒有人有都更、蓋屋的專業經驗，到底該怎麼辦呢？

答案是尋找專業顧問公司。

專業顧問公司哪裡找？

無論是找建商或代理實施者，如果能有專業的顧問在中間扮演監督、協助的角色，對住戶來說既省力，又能借助顧問的專業，讓都更流程更順暢。

通常，如果是和建商談協議合建，那麼建商會自行找認識的顧問（更新顧問、建築師、估價師等）來協助進行都更的所有流程；但如果決定找代理實施者，則建議社區住戶可以在找代理實施者前，先找專業顧問公司。

由於都市更新涉及的專業領域很廣，包括建築規畫設計、都更規畫、估價、地籍產權（地政）、廣告代銷，甚至還有綠建築顧問、容積移轉買賣等，如果由社區一家一家去溝通及聯繫，不但花費時間、精神，而且還不見得能找到有都更經驗、信譽良好的業者。因此，建議社區住戶在找專業顧問公司時，以擅長都更規畫的顧問公司爲主，再利用都更規畫公司協助尋找其他專業領域的顧問（或是都更規畫公司長期配合的各領域專業顧問）。

那麼，又該如何找到專業的顧問公司呢？

如果利用網路查詢，最好進一步比較不同顧問公司的差異，包括理念、作業方式、顧問費用。較安心的方式是透過所在縣市政府已有之更新案例，詢問其更新規畫顧問。另外，也可以透過縣市政府已完成更新的社區，問問看原地主們與更新規畫顧問公司合作的狀況，做爲自己社區尋找更新規畫顧問公司的參考。

還有，在找顧問公司時，要想清楚是希望對方擔任純粹的更新顧問，還是擔任代理實施者。如果是代理實施者，且需要辦理重建者，則必須是依公司法所成立的股份有限公司才行；若是學校機關或基金會，則只能擔任更新顧問，或是整建維護的實施者。

值得注意的是，社區在找尋顧問公司時，要先弄清楚希望他們扮演的角色爲何，日後才不會引起不必要的糾紛。

可考慮有都更經驗的建築經理公司

如果想尋求的是建築經理公司，建議以有都更經驗的公司爲主，一來因爲都更的流程較複雜，有都更經驗的公司在準備文件、報告或相關資料時會更有效率，以加速都更的速度。此外，有都更經驗的公司對於住戶來說，因爲看得到「成品」，也打聽得到口碑，會比較有保障。

如何評估都更顧問公司的能力？

一家優質的顧問公司，最好要有相關的技師證照，但在都市更新這個領域裡，目前並沒有專業證照。換言之，有協助過都更的人，都可以號稱自己懂得都更。

所以，我們當然可以查看更新規畫顧問公司的經驗，並看看這些擁有都更經驗的承辦人員是否都還在這家公司裡。再來就是看這家公司的人員或其介紹的專業顧問是否有相關領域的專業證照，例如建築師、都市計畫技師、地政士、估價師等，其學歷背景也都是都市計畫、建築設計、地政、營造工程管理等相關科系畢業。

更進一步，我們也可以約社區住戶到顧問公司走走看看，並約相關人員談談更新及社區的情況，藉此觀察該家公司是否具有更新規畫的能力，對方是否表現出一定的專業與熱誠度。

在初步找到覺得不錯的都更顧問公司後，可請對方先來社區對住戶進行第一次報告說明（比較有能力的公司甚至會出示簡略藍圖）；如果找到的顧問公司不只一家，也可比較數家，選出最適合的都更顧問公司。

張教授真心教室

期待政府支持非營利的顧問團隊

都更對民眾來說，既專業又瑣碎，是一件十分令人頭大的事。再加上並非人人找得到專業的顧問、有良心的建商，社區住戶在無法信任、無力處理的情況下，放棄都更意願的大有人在，實在遺憾。

目前，坊間的專業顧問良莠不齊，更有打著免費諮詢名號，實則暗中插手社區都更的各式顧問、協會、基金會，失去本該擁有的中立色彩。

為了讓更多老舊社區可更順暢的進行都更，讓居民住到更舒適的房子，我最期待的願景是，政府可以協助支持鼓勵真正非營利的顧問團隊，如第三部門即非營利組織、非政府組織協商團體，或是中立的第三者來協助民眾，做出最適合都更的建議，讓民眾對於都更不再充滿不信任。或許由社區規畫師、建築師、各種專業顧問一起來組成，共同協助民眾進行更新事宜；也或許可以結合更多熱心專業人士的協助，讓老舊社區的更新處處開花，幫助更多住戶擁有更美好的住家環境和生活品質。

張教授與建設公司對談

對談者：昇陽建設　簡伯殷總經理

主題1：都更過程中最難處理的事

主題2：從建設公司角度看都更眉角

張：我一直認為「天下沒有白吃的午餐」，都市更新到現在，除非地段好，地主不需要再付錢，不然應該還是多少要付出。

簡：是的，其實在都更中，並非每一戶都可以一坪換一坪。

張：可以說說你們在談都更的過程中，遇過哪些很難處理的事情嗎？

簡：像是都更之後因為公共設施的關係，很多一樓要一坪換一坪，實在是不太可能。再者，一樓如果沒有商業價值，通常就不設計店面，但一樓住戶又不肯換到樓上，或只同意一坪換兩坪。就算有的社區住戶同意一樓可多分二、三坪，但一樓住戶也覺得太少。

除了一樓外，頂樓也是較需要商議的，尤其當頂樓有違建時，原住戶會希望都更後可以分到更多坪數，而其他住戶可能會說：「這幾十年你享受那麼多既得利益，我還沒跟你算呢！現在都更還想要更多，怎麼可能？」

又像是重新裝潢的住戶也不願意都更，因為都更在估價上跟一般房市不同，新裝潢並沒有價值，等於跟三十年從未裝潢者的價格相同，所以他們通常也不是很同意都更。

其他像是在一戶中，產權是兄弟姊妹共有，要都更就需要大家都同意；或是有些社區在改建過程中，出現兩派不同的意見，到最後變成對立，沒人解套，都更就停滯了。

張：換句話說，你們遇到的最大問題還是在權利變換，對不對？

簡：應該是分配的問題，因為不一定是權利變換，也可能是協議合建。

張：協議合建跟權利變換，你們怎麼看？

簡：到目前為止，我知道比較多的狀況是協議合建，如果在一個社區中有住戶不同意協議合建，這些少數不同意的住戶就採用權利變換。

張：但是協議合建的內容，如果送審後跟原本簽的條件不一樣呢？怎麼辦？

簡：有兩種做法，保守派的建商會看都更獎勵的部分有多少，再來看該如何分（因為都更獎勵是要申請的，審議結果比原本談的高或低，還不一定）；包山包海的建商會直接分，不過，有很多時候乍看感覺分得比較多，但實際上不見得。

張：說到這裡我就很想再請問，估價師到底是不是以建商的目標來進行分配？

簡：並不一定是這樣，因為估價師也有自己的原則，我覺得是在一定的範圍內來進行調整。

張：不過，未來價值的部分是個未知數？

簡：的確，所以我認為在權利變換中，所謂十二%的風險管理費，是從營造廠的角度來看，用代工的方式來看，但是並沒有辦法保障未來房價。說真話，一個都更案歷時非常久，建商前期要開發整合，又要投資資金，慢的話十年到十五年都有可能，如果只有十二%的利潤，那真的也不必玩了。

張：沒錯沒錯，這麼長的時間只拿十二%……

簡：但是營造廠就沒差，因為營造廠是按圖施工，又不必出錢，頂多只有報價風險，沒有未來房價風險，而且營造廠是確定可施工才動工，大概只需要三到四年的建屋期，所以十二%對營造廠來說就沒問題。

張：所以對建商來說，就是在賭！

簡：沒錯，這個十二%對建商來說，意義可能是「萬一房子蓋好了，房價下跌，還有十二%的風險可以平衡」。

張：本來蓋房子就是有賺有賠。另外我想知道，哪些地主最難談？

簡：我想最難的意識型態比如「我就是不爽都更」，或是為了反對另外一派，對方說什麼統統不接受；當然，也有些住戶會暗示「你不要賺我的，賺別人的」。

張：從你的角度來看，什麼樣的案子會讓你們願意參與都更？

簡：首先是看區位，比如精華地區，房價較高、抗跌機率低的地區，風險也會比較低；再來會看成功機率，像是現在房價在一坪三十萬以下的房子，就比較不考慮。

張：那規模呢？或是其他的考量？

簡：如果社區人數太多（超過一百戶）、頂樓或一樓有很多的違章、一樓店面太多的都不是很好談。當然，社區重建委員會的共識度也很重要，如果共識低，社區沒有凝聚力，或是每個人都想要當中人，也會影響都更的難易度。

張：如果一個案子不只一個建商來談？

簡：現在台北市差不多都是這樣，會找很多建商來做簡報，來比價。

張：你覺得這樣好不好？

簡：我覺得無可厚非，假如地主有共識是可行的。不過這個方式也有缺點，因為像社區重建委員會選擇建商的因素是什麼？例如只看分配比而忽略其他品質，那就不是很理想。此外，有些好的建商不願意參與這類評選機制。

張：你們有沒有算過要拿多少利潤才做都更？因為建商的風險比權利變換要大。

簡：其實我們也沒有預期多高的利潤，因為現在土地的取得成本高、地主要求的分配比也越來越高，而且這跟未來房價也有很大的關係。

張：說到未來房價，你對於都更產品定位，有什麼想法？

簡：我想地主跟建商不同的地方在於，地主因為將來會回來住，是從使用者價值角度為主；建商看到的則是如何讓房子可以符合市場機能，創造更高的價值。

第七課

建築規畫，讓都更價值提升

建　商：我們這次請來了名建築師，將房子的整體外觀設計成多角形，並在每個轉彎處使用照明設施，白天時很壯觀，夜晚時超美的啦！

住　戶：你說的太複雜了，我只要簡單的外觀就好了，而且裝那麼多燈，電費很貴又不環保！

建築師：沒有這些燈，就會讓整個建築物失色，燈是一定要裝的，可以提升建物價值。

都市更新建案和一般建案最大的不同在於，一般建案的房屋外觀、內裝都是建商先設定好，客戶決定要不要買，但都更卻可以讓住戶表達意見，甚至參與建築設計的想法。

建築物的產品定位，需要住戶的參與

一般來說，建商在進行房屋建案前，都會先做出符合市場需求的「定位」，以吸引客戶上門。同樣的，當建商在進行都更時，也會用相同的思考模式來設計建築物，只是這樣的想法往往跟住戶差很多。

在都更中，無論是建商擔任實施者或找代理實施者，住戶都可以提出自己對於房子更新後的想法，我們將它稱之爲「參與式的規畫」。

每個人都有夢想中住家的形式，參與式的規畫對住戶來說，不但提供了規畫未來房子的機會，同時也讓住戶們躍躍欲試。不過，建築原本就是一門深奧的學問，對於建商、建築師與住戶來說，每個人的理想定位也都不盡相同，如果出現很大的落差，就只好大家坐下來協調了。

通常需要住戶與建商共同確認的有以下幾點：

建築造型與外觀的確認

建築師在設計一棟建物時，除了外觀設計之外，也會配合開放空間、動線進行規畫設計，思考的方向是十分全面的。

在造型上，除了考量建物使用的特性（例如採玻璃幃幕式的辦公商業大樓，或是純住宅大樓等），在外觀上分成許多種風格，例如日式、巴洛克風、現代藝術風等，賦予建物不同的特色。在符合法令的前提之下，這部分除了建築師的設計巧思外，還有建商所考量的商業利益。

此外，在外觀材料的選用方面，由於現代的建築物是以鋼筋混凝土爲主，所以本身會是灰灰的混凝土顏色。爲了使外觀更具設計的美感，建築師會在外牆貼上各式各樣的磁磚，從早期的洗石子，到現代的馬賽克、方塊磚、二丁掛等，不過因爲磁磚久了會有剝落的情形，所以有的建物會改採日本清水模的做法，呈現出另一種不同於磁磚的自然美感。

個人認爲，建築師不只要會設計房子，還要比其他人更有遠見，預想到房子長期下來「好不好用」，以避免徒有外觀卻不實用的情形。

面積與建築配置動線的確認

更新後的房子因為容積不同，而且又有公共設施，在動線、隔間及坪數上或許會與更新前的房子不同，建築師也會從各方面考量更新後房子要採哪種格局，是標準的三房兩廳兩衛，或是一房一廳一衛的套房，又或是四房，甚至五房的豪宅？另外，面積是三十坪、四十坪，還是七十坪以上的大坪數房子？原住戶要安排在哪裡？不同坪數大小的比例各多少？何者為主力坪數？這些都跟更新的區域有著很大的關連。

此外，建築物是採用二併、三併，還是六併？如何將從大廳到住家的動線指引得更清楚？公共空間的採光要很明亮嗎？是否需要二十四小時的照明？這些情形都會影響建築物動線的配置，在畫設計圖時就需要考慮周全。

公共設施的確認

至於公共設施的部分，除了大家比較熟悉的停車場、游泳池、交誼廳、健身房、圖書館、中庭的設置外，有些設施（稱「公益設施」）也與政府提供的都更容積獎勵有關（見後文）。

上述所提到的是一般人比較耳熟能詳的公共設施，另外還有一些是看不見的公設，也是建築師在設計建物時必須思考的配置，例如機電室、屋突、進入社區的大廳、管理員室、電梯、樓梯等，都算是公設的一部分。

公設到底是否必要？個人認爲像機電室、梯廳等是必要的，其他像是游泳池、交誼廳、健身房、圖書館等就不一定需要。因爲非必要的公設越多，相對的公設面積的負擔就越大，或許建築師在設計產品時，會因地段、預期購屋者的需求而將所有公共設施都納入，住戶如有不同的意見，千萬不要到最後才反應。

房屋內部隔間與材料的確認

更新後的房屋，衛浴器材要選用何種等級？用多大的磁磚？要採用何種等級的廚具？地板要用大理石、木頭或磁磚？諸如此類的問題，都需要大家的確認與同意。

有些比較個人化的需求，例如室內是要做成三房或規畫成兩房？衛浴要設計無障礙空間嗎？這些想法都可以提早與建商或代理實施者提出個別要求，方便建築師在設計時就先行規畫。

另外，在建材方面，有些建商或代理實施者可能會使用很豪華的內裝，但也可能只採用基本的配備（例如馬桶、地板、洗手台等），甚至只給所謂的毛胚屋（完全未裝潢），後續再由住戶自己決定室內要如何設計。無論哪一種做法，住戶都要記得羊毛出在羊身上，當建商給的不是自己想要的時候，一定要將自己的想法表達出來，供建商或代理實施者參考。

建商要的是「好賣」的商品

建商在規畫建築物時，一定是以銷售爲目的，以「好賣」爲主要的規畫目標。但是，好賣的商品就一定是好商品嗎？

好的定義，站在住戶的立場，最先想到的就是「品質」。而好賣的商品，品質到底好不好，則要看建商的良心而定。不過並非每個建商都是黑心建商，但不可諱言的，在建商眼中，好賣的商品與地段有很大的關係。假如是位於豪宅林立的地方，建商認爲的好賣商品就可能是豪宅，需要有很健全的設備（如游泳池、健身房）、最頂級的建材、現代化的外型，最好還是極簡奢華風。可是對住戶來說，則不一定要全都是大坪數，也不需要昂貴的建材及時髦的外觀，甚至連游泳池與健身房都可以不要，只希望室內使用坪數能夠大一點就好。

因此，當建商或建築師在展示都更後的建築藍圖時，住戶們不妨多多思考：「這個藍圖到底是好賣的商品，還是好住、好用的住家？」或「這樣的房子眞的是我想要的嗎？」

住戶想法與建商不同時該怎麼辦？

很多時候，住戶與建商的立場不同，想法也不一樣。該怎麼處理？

首先，請思考一下：更新後的房子是自用還是要拿來銷售？如果是後者，則可以多參考建商的思維，畢竟建商對於新成屋的市場定位比較了解，也比較能夠蓋出符合該區段的產品。如果是自住，從過去一些都更案的經驗，當住戶與建商想法不同，且難以達到共識時，建商很可能會分開規畫。

例如目前信義區以百坪豪宅為主軸，但都更戶希望的是三十坪的房子，那麼建商在規畫時，可能會蓋兩棟三十坪的房子，再加上一棟百坪的豪宅。其他像是建商希望規畫大花園公設，但都更戶認為有大廳和停車場即可，此時建商會在規畫上十分巧妙的將建物分成兩塊，一塊按照都更戶的需求規畫，另一塊則以建商的想法來規畫。

萬一住戶與建商意見不同，卻又無法分開規畫，建議住戶可以尋找他位專業者或建經顧問，一方面聽聽專業顧問的意見，另一方面也可以讓專業顧問協助住戶與建商溝通，再做出決議。

張教授真心教室

自住，就以滿足社區為核心

都市更新的參與式規畫，讓住戶們可融入自己對新家未來的想法，雖然很有參與感，但是每個人對住家的想法不同，喜好、品味也不一樣，究竟要怎麼思考比較好？

我的建議是，先以滿足社區為核心，並以此核心來請教專業人士，共同決議出一個適合的方案。

舉例來說，建築師可能會設計數個出入口，雖然方便，但保全人員的排班、費用也隨之增高，社區中如果有多數人反對高額的管理費用，那麼也可請建築師減少出入口。另外，在討論公共設施時，假如社區的老人、小孩居多，那麼無障礙空間或許也是一個討論的議題。

在討論的時候，別忘了納入專業人士的建議，尤其很多東西是用久了才知道好不好，如果社區住戶多數都認同品質的重要，也可以在這上面多下功夫。

都更小辭典

產品定位

在建案中，產品定位指的是建商透過基地區位、特性與市場分析，決定個案戶數、每戶面積大小及大小面積戶數比例，相關公共設施內容及比例、及結構建材等級水準等。其中最關鍵的是產品面積大小及其戶數比例，上述過程簡稱為「產品定位」。產品定位影響產品訂價，乃是市場銷售成敗之關鍵。

都更容積獎勵，到底是怎麼一回事？

前面提過，爲了加速都市更新，政府提供了更多的「容積獎勵」，而且越是高價地段，爲了讓房子可以賣到更多錢，大家可說是卯起來爭取容積獎勵，究竟都更容積獎勵是怎麼一回事？

都更容積獎勵的項目

都更所提供的容積獎勵，指的是建築物在檢討新建築量體時，除了法定容積，在辦理都市更新時，還會給一個獎勵值，其目的在於因爲都更的行爲與建築規畫設計的內容，符合都市發展要求。

例如基地面積符合一定規模或完整街廓，又或是在時程內提出都更申請，就建築規畫設計方面，則符合防災、無障礙、規畫設計與都市環境協調、綠建築等。由於有些縣市政府在給予都更獎勵時會制定相關細則（如台北市、新北市），就項目檢討有較明確的計算方式及額度，但如果大部分的縣市政府沒有的話，就要依中央規定的都市更新建築容積獎勵辦法來計算，並可參考都市更新作業手冊有關都市更新事業計畫之獎勵建築容積檢討。

大致上，都市更新容積獎勵可以分成要花錢買的與不花錢買的兩大類：

不花錢的都更容積獎勵

透過良好的建築規畫設計及都更的基本要求就可以拿到，其項目包括：

❶時程獎勵：在一定時程內完成送件申請，就可以爭取到時程獎勵。當然，越晚申請，獎勵也會減少，甚至超過時程就沒有。所以如果要開始辦理都更，就要注意這個地區有沒有劃定所謂的更新地區，如果有，就要再確認一下是何時劃定的。如果沒有劃定更新地區，那麼就可以透過自行劃定更新地區擬定都市更新計畫的方式，來爭取這部分的獎勵。

❷規模獎勵：更新單元爲完整街廓或是面積在三千平方公尺以上，都可以爭取規模獎勵。這表示政府想要獎勵的是大面積、大規模的更新案，而不是只是小基地的開發。

❸整體規畫設計及綠建築獎勵：由於任何一個更新重建的案子，都必須有建築設計規畫，所以建築師參與都更是在剛開始進行規畫設計時就要進場。另外，在進行建築規畫設計的同時，如果能夠兼顧到都更獎勵有關整體規畫設計及綠建築，還可以分別獲得容積獎勵。此一部分在台北市及新北市都有細項的檢討，例如新北市針對退縮建蔽率、立體綠化、地下室開挖率等都有清楚的計算方式。值得注意的是，在規畫綠建築時必須先提供保證金，如果興建後建物實際上都符合綠建築規定且取得標章，那麼保證金是會無息退還的。

❹原容積高於法定容積：適用於未實施建築容積管制之前的建物，可以用原使用執照上的標示面積，以現行法規檢討屬於原容積的部分來做認定。按台北市目前的實務做法來看，此一部分尚需經過建築師計算及簽證後提送市政府，再由市府工務局建管單位查核確認。

❺未達當地平均居住樓地板面積水準之容積獎勵：此一部分是針對更新分配後，多數住戶分配之建物樓地板面積低於當地居住樓地板面積平均水準。這類獎勵在九二一震災重建時曾經用過，且只有都市更新會才能申請，不適用以建商爲實施者的更新案。

要花錢的都更容積獎勵

❶公益設施捐贈：針對無償提供爲公有的公益設施，經政府認定後，除公益設施面

積免計容積外，尚可就捐贈的公益設施土地成本、興建成本及提供管理維護基金等，計算出獎勵容積。目前在捐贈公益設施方面，必須先經過主管業務單位的認可，不是想捐就能捐，也要符合相關都更細節的規範，例如新北市就規定要有獨立出入口、室內主建物面積要三百平方公尺以上、產權獨立等。

❷協助興闢、管理維護更新單元內或其周邊公共設施：相同的，也是要付出成本才能爭取的容積獎勵，其成本包括協助開闢都市計畫公共設施所需工程費、土地取得費用、拆遷安置費用以管理維護費用。原則上，要更新的基地周邊有尚未開闢的計畫道路或公園綠地等，如果能協助開闢，不僅成本可以爭取容積獎勵，更有助於更新案的價值提升（此部分視基地條件的需要來進行）。

❸處理占有他人土地之舊違章：有兩個先決條件要符合，一是要有占有他人之事實，二是建物要屬於舊違章。而處理的費用，就是所謂的拆遷安置費，可納入容積獎勵的計算。一般要認定占有一般私人的事實會有認定上的爭議，而這個條文的本義是在處理公有或國公營事業機關有占用土地的事實，這個在認定上較無爭議。第二是建物要屬於舊違章，這個要依各縣市政府的舊違章認定來看，台北市是指一九八八年八月一日前，新北市是指一九九二年一月十日前。當然也要有文件證明建物興建日期，例如門牌編訂、水電證明、房屋稅籍證明等。

更多獎勵相關訊息

除了專門爲都更訂定的容積獎勵辦法外，還可以依其他法令所爭取的容積獎勵，例如開放空間獎勵、建築物增設停車空間鼓勵要點（未來停車獎勵取消）、高氣離子建築等。這一部分並不在都市更新建築容積獎勵辦法裡規定，而必須找到其他相關法令來爭取，但因爲會影響建築規畫設計的量體，因此也必須一併納在都市更新事業計畫裡檢討說明。

計算容積獎勵時要注意的兩件事

雖然大家都希望能夠多爭取容積獎勵，但是在計算容積獎勵時，常常會因爲重複計算而預期錯誤的獎勵值。以下提出兩類型關於計算容積獎勵時，最容易忽略的部分。

不能重複計算

由於不同法令所給予的獎勵項目可能會有重複，例如開放空間可能用在都更整體規畫設計，也可能直接依建築技術規則開放空間獎勵的計算。因此，在檢討時同一內容不能重複計算獎勵值，只可以擇一來計算。

花錢買的容積獎勵也有額度

容積獎勵有部分是要花錢去買的，如同之前所提到的公益設施、公共設施及處理占有他人土地之舊違章等。而這些成本上的認列及計算到容積獎勵，也都有一個計算公式去換算到容積獎勵的額度，如果所花的成本能換算的容積獎勵已達該值的上限，那麼也只能計算到上限値，而不能再往上加了。所以在花錢買容積時，是否是眞的爲了謀求公共利益，還是只是想用來買容積，都應該要想清楚。

都更獎勵，也有上限

都市更新的獎勵並不是無限上綱，依都市更新建築容積獎勵辦法的規定，獎勵後的建築容積不得超過各該建築基地一．五倍之法定容積，或是建築基地法定容積的〇．三倍加上原建築容積。

另外，針對所謂策略性的再開發地區，獎勵後的建築容積不得超過各該建築基地兩倍之法定容積。而台北市目前在推動的老舊公寓更新，是以專案都市計畫變更的方式，使每一申請案在都市計畫規定裡放寬容積獎勵的上限，當然，要符合老舊公寓的條件，此一部分也較爲嚴格。

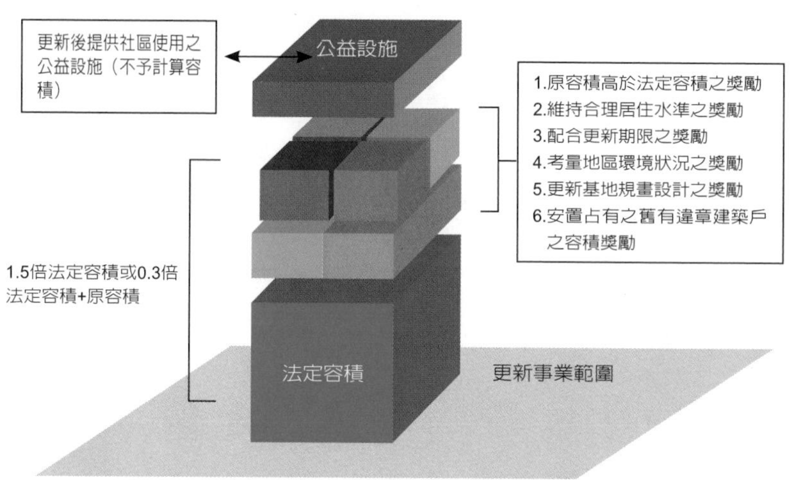

由於台北市及新北市針對各項目都已經有更清楚的規定，因此就要逐項檢討容積獎勵的項目及額度，例如時程的獎勵，中央的規定是在更新地區公告後六年內可以有十％容積獎勵的上限。

還有像是在台北市則規定在更新地區劃定公告（指公辦更新地區，自行劃定更新地區或都市計畫劃定更新地區，請見相關規定）一年內申請概要（或計畫）則給七％（擬修爲十％），兩年內六％（擬修爲八％），六年內五％（擬修爲六％），超過當然就不給這一項獎勵。

張教授真心教室

容積獎勵，給對了嗎？

老舊社區進行都市更新，對社會有一定的貢獻，因此政府也祭出容積獎勵，希望能讓都更加速動起來。但關於容積獎勵項目，我個人覺得有些地方不太合理。

當我在擔任都市更新審議委員時，發現幾乎每一個建商都說他的案子設計得很好，所以一定要拿到最高的十％獎勵。聽多了同樣的話，我不禁心想：「建築師盡心力做好規畫，本來就是應該的，政府的獎勵，應該是希望將建物設計得更好一點、對外部有更大的貢獻，所以需花更多錢，才給予獎勵。」

所謂外部的更大貢獻，或許跟周圍環境的配合（如有山水的地方，就設計相關的色調或外觀），以及成為環境的地標等。但是到了今日，很多建築師並不是思考如何規畫出對外部有更大貢獻的設計，而是只想用一般的規畫來爭取最高容積獎勵，說起來實在有些遺憾。這讓我想起以前到歐洲旅遊時，許多歐洲國家的居民都將陽台裝飾得美輪美奐，綠意盎然，讓人有一種驚豔的感覺，這不也是一種「公共利益」嗎？

此外，過度計較容積獎勵，容易造成獎勵項目及額度的僵固，對於政府機關固然好計算，也有利於實施者先了解自己未來的獲利，但是否因此而造成都市發展上的制式，讓審議委員會的審議權及都市發展上的彈性是否因此而被剝奪？

再者，上限式的獎勵，對於更新開發者而言，特別是建商，無法清楚知道自己可以在都更獲得基本保障之下，成本上的掌握就不明確，對都更的獎勵的態度就變成越高越好，再給政府砍，反而讓容積獎勵變得像在菜市場「喊價」一樣。

因此，我們應該要調整對容積獎勵的態度：政府提供符合基本要求的容積獎勵，對於超乎標準的規畫應再加碼獎勵，而這一部分再透過上限的規範。如此一來，建商可以清楚知道建案的規畫基本要求與可取得之容積獎勵，如能提供高水準之規畫，將可再額外爭取更高的獎勵，至於額外獎勵的部分，則由委員會彈性的討論與授權。

規畫建築物前，要先知道容積大小

在規畫建築物前，當然要先知道基地的大小及可運用的容積。

確認建築量體

建築的規畫設計，最先要確認的是「建築量體」，這不僅會影響建築物未來的樣貌，更是影響更新開發利益的主要關鍵。

建築量體的計算，除了法定建築容積面積之外，還要加上容積獎勵面積、容積移轉面積，以及免計容積面積的部分。

❶法定建築容積面積：基地所在都市計畫的土地使用分區管制規定所訂之建築容

積，例如台北市住三的容積率是二二五％，表示每一坪的土地依法可以興建二・二五坪的容積樓地板面積。

❷容積獎勵面積＝更新容積獎勵面積＋其他獎勵面積（例如開放空間、停車獎勵及高氯離子建築）。

❸容積移轉面積：從其他地區移入的容積面積，必須有購買的相關證明。

❹免計容積面積＝建築技術規則檢討免計容積面積（包括梯廳、機電、屋突、陽台、地下室停車等，逐項有免計之上限，多的要納入容積計算）＋更新公益設施。

建築可興建之總樓地板面積＝法定建築容積面積＋容積獎勵面積＋容積移轉面積＋免計容積面積

在都市計畫裡，除了規定容積率，還規定了建蔽率，簡單來說，建蔽率就是建築物基地在地面層可以興建多少面積。

例如：台北市住三規定的建蔽率是四十五％，表示一個一百坪的基地，需留設五十五坪的法定空地，建物最多只能蓋四十五坪。因此，如果每個樓層的坪數越少，在相同總建築量體之下，要蓋的樓層也就越高。

範例：建築基地現況表	
基地面積	2,000㎡（605坪）
使用分區	住三
法定容積率	225%
法定建蔽率	45%
法定容積樓地板面積	225%×2000＝4,500㎡
法定建築面積	45%×2000＝900㎡
梯廳+屋突	500㎡
陽台	450㎡
總樓地板面積	5,450㎡（1,648.63坪）
原樓高	5層樓
戶數	50戶
每戶平均產權面積	109㎡（32.97坪）
每戶平均室內面積	99㎡（29.95坪）

範例：更新前後的各項計算方式

❶更新前情境說明

位在台北市三十年以上的五層樓老舊公寓住宅，爲一完整街廓，基地面積有兩千平方公尺（約六〇五坪；都市更新事業計畫書圖裡面用的都是公制，但一般房地產買賣都習慣用坪；一平方公尺等於〇．三〇二五，一坪約爲三．三平方公尺），每戶平均產權面積爲三十．二五坪，共有五十戶。沒有電梯也沒有地下室，土地使用分區爲住三（即第三種住宅區），法定容積率二二五％，建蔽率四十五％（見上表）。

都市更新容積獎勵計算

如果要申請更新容積獎勵，就需要逐項檢討，項目部分需依都市更新條例第四十四條及容積獎勵辦法規定，而台北市及新北市目前有細項的規範，亦需注意。

依本案來看，如在更新地區劃定公告的第一年提出申請時，就可以爭取到十％爲容積上限，但在台北市則規定第一年可申請七％的容積獎勵。依本案例來看，則可以爭取三一五平方公尺容積樓地板面積。人行步道、騎樓，以及開放空間等項目則需依實際留設來檢討。另外還有綠建築、完整街廓等項目。本案先設定可爭取到三十五％，也就是一八四〇平方公尺的獎勵容積樓地板面積。

在計算容積獎勵時，如果有固定比例，就用比例乘以法定容積樓地板面積。例如時程獎勵給七％，容積獎勵額度就是三一五平方公尺（7%×4500㎡=315㎡）。如果是實際計算的額度，那就要回推容積獎勵的比例，並檢查是否超過上限。例如退縮人行步道設置九十平方公尺，就給予一〇〇％獎勵，反算占容積獎勵的比例爲二％（90÷4500=2%）。

範例：都市更新容積獎勵項目及額度一覽表		
申請容積獎勵項目	獎勵面積（㎡）	基準容積比率（%）
更新建築容積獎勵（更新條例第44條及容獎辦法）		
△F1 高於法定容積部分核計之獎勵		
△F2 捐贈予公有之公益設施獎勵		
△F3 更新時程獎勵	315.00	7%
△F4 協助開闢或管理維護公共設施或捐贈經費		
△F5 歷史、紀念、藝術性建築物保存		
△F6 規畫設計之獎勵		
1 縮減建蔽率		
2 沿街退縮人行步道、騎樓	90.00	2%
3 留設廣場等開放空間	225.00	5%
4 設置天橋、人工基盤		
5 規畫夜間照明設施或公共藝術、街道家具		
6 建築量體、色彩、造型、座落與環境調合	200.00	10%
7 提供綠美化		
8 規畫無障礙環境、消防、防災、都市生態、智慧型建築設計		
△F7 綠建築設計之獎勵	270.00	6%
△F8 更新單元規模之獎勵		
1 完整街廓	225.00	5%
2 更新單元規模		
△F9 處理占有他人違建戶之獎勵		
更新容積獎勵合計（原樓板面積＋0.3倍法容）		
其他獎勵容積（%） （開放空間、容積移轉、停車獎勵、高氯離子）		
申請容積獎勵總計	1,325.00	35%

範例：免計容積面積計算表		
項目	數量	說明
機電	911㎡	＝允建容積面積×15%＝6,075×15%
梯廳	368㎡	＝（允建容積面積＋公益設施面積＋機電）÷0.95×5%＝(6,075＋0＋911)÷0.95×5%
陽台	662㎡	＝（允建容積面積＋公益設施面積＋機電＋梯廳）×9%＝(6,075＋0＋911＋368) ×9%
屋突	80㎡	＝土地面積×設計建蔽率÷10＝2,000×40%÷10
地下室停車面積	2,400㎡	＝地下室開挖面積×樓層數＝1,200×2
免計容積面積合計	4,421㎡	＝梯廳＋機電＋屋突＋陽台＋地下室停車面積

❷更新後建築規畫情境說明

本案更新後的建築打算以RC結構興建，設計建蔽率爲四十％，地下室開挖率爲六十％，即表示本案實際建築面積爲八百平方公尺（2000×40%＝800），地下室每層面積爲一千兩百平方公尺（2000×60%＝1200），預計挖兩層。另外，本案不申請容積移轉，也不規畫公益設施。

免計容積計算

此一部分需依實際規畫建築面積去計算，在尚未實際規畫前，可以用簡單的算式大致估算免計容積的面積。由於建築基地在規畫上沒辦法像範例那麼剛好，都會因基地形狀而受到影響，範例試算數據及算式僅供參考，實際面積仍需由建築師依現行法令逐項檢討。

範例：建築總量體計算表

項目	面積	說明
法定容積面積	4,500㎡	
容積獎勵面積	1,575㎡	
容積移轉面積	0㎡	
免計容積面積	4,421㎡	
總建築樓地板面	10,496㎡ （3,175坪）	＝法定容積面積+都市更新容積獎勵面積＋容積移轉面積＋免計容積面積 ＝4,500＋1,575＋0＋4,421
總銷售樓地板面積	8,096㎡ （2,449坪）	＝建築總樓地板面積－地下室面積 ＝11,296-3,200

依本範例來看，允建容積面積＝法定容積面積＋都市更新容積獎勵面積（4500＋1575＝6075㎡），一般在檢討免計容積時，就會用允建容積面積當作基礎來試算。

❸更新後總建築樓地板面積計算

如按上述設計建蔽率及開挖率來興建，則預計更新後之建築物可興建地上十層樓，地下兩層樓，總興建樓地板面積三一七五坪。銷售面積則不含地下室面積，有二四四九坪。至於車位部分，則以六十個車位計（2400÷40＝60），一般車位含有車道及車格，大致空間約在三十八到四十平方公尺之間。

張教授真心教室

容積，真的越多越好嗎？

為了爭取更多的獎勵，建商也會在許多公共利益上著手。例如人行道的退讓、附近環境的改善或將公共設施回饋給附近社區民眾等。

但是，政府的獎勵給對了嗎？

以其中一個獎勵「蓋公共圖書館」為例，政府的想法是，如果建商在社區內規畫了一座公共圖書館，讓附近居民都可以來使用，就達到了公共利益，也可以給建商更多附加的獎勵。

蓋公共圖書館的想法聽起來立意甚佳，人人叫好，但如果真的蓋起來，必須進一步思考的是：將來圖書館的清潔、館內的維護、新書的購置等，該由誰來進行？資金又要從何處來？這些問題一旦沒處理好，公共圖書館未來難保不會變成「蚊子館」，當初的美意反而成為麻煩，至於建商則早就賣了房子、拿了銀子走人，後續誰來負責？

還有，某些社區在規畫之初，將美美的中庭、遊戲場規畫為開放空間，得到了更高的容積獎勵；然而，當房子蓋好後，卻是想盡各種方法，將這些開放空間圍起來，變成社區居民獨用。

我認同社區要有自己的獨立性與安全性，也明白社區住戶不希望外人進入中庭的想法，因此在私人利益與公共分享之間，或許還要有更多的討論。

此外，建商也喜歡藉由容積移轉的方式，買容積讓建物有更多的樓層可蓋。建商買容積，不外乎是為了銷售賺錢，但對住戶而言，容積真的越多越好嗎？

想像一下，原本一百人分享的公共設施，因為建商買了容積，將多出五十人共用，會不會影響品質？又，你是否願意跟這麼多的陌生人住在同一個社區？而原本蓋十層樓的房子，因為容積變多而蓋了十五層樓，使得社區密度變高，建築物的高度也遮蓋了視野，這樣真的好嗎？

雖然房子蓋得越多戶，住戶需要拿出來的錢可能就越少，所以多數住戶都會同意容積越多越好，卻沒考慮到未來可能會出現的問題。

所有的事情，都是感覺問題，是好是壞，每個人的感受不一。當問題一個接著一個來時，還是回歸到核心：你要的是品質？還是賣錢？

規畫未來房屋面積的兩大思維

都更後，社區變美了，但由於跟原本的面積不太一樣，使得住戶剛看到時有些不習慣。接下來要說明的，就是更新時關於房屋面積的兩個思維。

思考規畫戶數與面積

由於更新後的建築量體變大了，因此必須想清楚：更新後增加的樓地板面積是要給原來的住戶使用，還是維持原來每戶的產權面積，增加的戶數拿去銷售？又或是維持原來每戶的室內面積（即進家門後的全部面積，包括主建物及陽台），其餘面積用來增加戶數銷售？

當然也可以將原住戶的面積略爲放大，至於要放大多少，就按社區的偏好來決定。在此介紹三種基本方案：

方案一：維持原戶數，增加各戶面積

所增加的各戶樓地板面積，將視容積獎勵的額度而有所不同，原住戶均能享有容積獎勵後所增加的樓地板面積，但由於沒有多餘的戶數出售，因此更新案的成本將由原住戶來承擔。

方案二：維持各戶產權面積，其餘增加戶數

此一方案將維持原產權面積，然而由於更新後會增加較多的社區公共設施面積，因此室內面積會受到影響。再者，增加的戶數就由實施者來銷售，以抵付更新的重建費用。

方案三：維持各戶室內面積，其餘增加戶數

在維持各戶室內面積之下，各戶的產權面積會因爲公設面積而增加。同樣的，其餘增加戶數，就由實施者來銷售，以抵付更新的重建費用。

當然在實務規畫上，並不見得每戶都要平均分配一樣的面積，在規畫上可以分棟來

範例：各戶面積計算表

方案	戶數	平均室內面積（坪／戶）	平均產權面積（坪／戶）	公設比
更新前情形	50	29.95	32.97	9%
方案一：維持原戶數，增加各戶面積	50	40.76	63.50	36%
方案二：維持各戶產權面積，其餘增加戶數	96	21.23	32.97	36%
方案三：維持各戶室內面積，其餘增加戶數	68	29.95	46.69	36%

配置不同的面積大小的住宅，例如社區可以規畫出三大棟建築，一棟可以規畫爲與原面積較相近坪數的住宅，一棟可以分配略大面積的住宅，而第三棟可以配置大面積住宅等。

即使在配置上可以多做變化，從住戶端來看，如果社區又有豪宅又有套房，各式住戶的特質明顯不同，可說是龍蛇雜處，大家對公共事務的決議想法都不同，將嚴重影響社區間的鄰里關係。

範例：更新後各戶平均樓地板面積計算

按照上述三種方案，分別試算了在不同情境之下，平均每戶面積及戶數的不同。其關鍵在於更新後的公共設施面積增加了，相對的也影響到了產權面積與室內面積。

思考公共設施的面積

過去老舊公寓的建物公設比都非常低，更新後，則視實際規畫公共設施內容及面積多少而有一定的差異，但無論如何，公設面積大部分都多於原來屬於公寓式的建物。例如因爲興建樓層增加，而有電梯的需要，或是希望有社區小型會議室、健身房、社區入口大廳等社區設施，以及每戶希望配有一個車位等。

在思考公共設施時，可以從兩個面向來看，一個是公共設施的比例，一個是公共設施的項目內容。在公共設施比例方面，現在的大樓因爲有電梯、停車場、大廳等基本配備，公設比約在三十％以上，如果再加上其他公設（如交誼廳、健身房）等，那麼公設比又會往上跳。

至於在公共設施的比例及項目間，到底要如何選擇，就是所有社區住戶必須共同討論後的決議。

張教授真心教室

短期利益與長期利益

到朋友的新家參觀，發現他安裝的都是D牌冷氣。

「這個牌子比一般的冷氣貴喔！」一位朋友說。

「沒錯，它的確比其他品牌的冷氣貴兩成，」房子主人解釋：「可是它非常省電，比較之後，我寧願先多花點錢，之後就可以省更多！」

聽到屋主的說明，我立刻想到在都更中，也有很多事情就跟買家電一樣有著短期利益與長期利益的思維。

例如裝設綠建築，就短期來看是需要花錢的，但以長期來看卻又好處多多。又例如建商將挖了好多層地下停車位供外車使用，為社區賺取停車費。短期來看，社區每個月都有停車費的收入似乎很棒，但就長期來看，停車場二十四小時開放，住戶則必須忍受陌生人的車輛進入，再加上台灣的地質關係，往下挖得越多，越需要專業施工，以確保整體結構與安全度，到底划不划得來，還真的不知道呢！

此外，維護費用也是鮮少住戶會思考到的地方。有些建物的外牆做得很花俏，讓住戶看了無不心動，實際住了之後才發現維護不易；還有些設施看起來很棒，用了之後才發現維修費用很高；甚至有些新穎的材料，在使用幾年後需要補強時，才發現材料太少人用，所以價格也很高。

由此看來，好的建築師實在太重要了！不但要有足夠的專業素養，還要願意花時間與住戶們進行溝通、討論，並且提出多種方案供住戶選擇。另外，還需要透過平面圖、立體模型、3D動畫等方式，讓住戶們更了解未來更新後的建築樣貌。

說到這裡，大家不免想問：「我要怎麼確認建築師的好壞？好的建築師又要到哪裡找呢？」

想要分辨建築師的好壞，可從了解其背景開始，看看對方過去曾經設計過哪些作品，或是實際到對方曾經設計過的建案走走，詢問住戶的意見。另外，也可以向同業打聽，或是請內行人（建築業相關人士）介紹。不過，知名度較高的建築師，除了價位比較高之外，大多會選擇較大規模的建物來進行設計。

張教授與建築師對談

對談者：簡俊卿建築師事務所　簡俊卿建築師

主題1：從都更個案看都市更新

主題2：如何創造都更價值？

張：都更建築物的設計與一般售屋市場的設計，最大的差別在哪裡？

簡：以傳統一般建築設計來說，我們所思考的是建設公司或起造人對建築案的產品定位與未來願景的期盼來做整體設計發想；而都市更新建築物的設計，除了上述的思維之外，最大的差別就是必須考慮地主與住戶的想法和需求，並將它融入整體規畫案中。舉例來說，假設地主希望更新後能拿回原本的坪數，或是原本住在一起的兄弟，在未來的分配上，希望可以將原本的坪數分成兩戶，讓各自家庭都能擁有獨立的居住空間，那麼在坪數思考上，就必須斟酌如何配置等。因此，以更新案來說，建築專業設計的範疇中，也包含了事先的條件定位與地主對未來的需求及期許。

由於都更案中參與的人相當多，要將實施者及地主與住戶的想法、觀念都納入考處，在設計規畫上需要反覆的調整、修改與協調。一來一往造成時間延宕，往往容易影響都更的進度。以過往完成的都更案件來說，完成期間從五年、八年到十年以上的都有。就建築師的從業角度來看，更新案的時間流程相當長遠，可說是一場耐力比賽，如果單單只接更新案，容易造成經營上的困境，這當然與一般建設公司合作模式有相當大的不同。但從另一個角度來說，我認為如果更新案最終能談成，最後得以改善都市環境、生活機能、創造房產價值，也可說是功德一件啊！

張：怎麼說？

簡：以更新的願景來說，就是期望我們所居住的城市能有更好的市容。舉個早期的案子為例，過去內湖的星雲街上有個清白新村，房子皆是一層樓的矮房，十分老舊，住戶都是年齡稍長的單身榮民。他們所住的地方是為了安置而臨時搭建的，屋內甚至沒有衛生設備，必須到屋外的集合式廁所，相當不便。經過大家的努力，在都市更新的重新規畫下，不但改善了整體環境，更提升了城市價值，而房屋的價值也早已不可同日而語。從這個案例中，我們可以看到在更新過程裡，許多安置戶的問題是需要協調處理的，而這也是更新案在統籌的重要課題之一。

張：你覺得早期的都更住戶跟現在的有什麼不同？

簡：早期的住戶對都更的期待與需求較不明確，覺得有新房子住就很好了；而現在的住戶，因為對都更都有一定程度的認識，對更新有許多的想法與期待，要達到同意的門檻也相對的提高了許多。所以從建築師的立場來看，都更比以往要花更多的時間成本、金錢成本和精神成本來完成。因此，就都更法條來說，有再修改與進步的空間，好讓都更案可以加快腳步進行。

張：如果住戶的想法都不同，該怎麼找到平衡點？

簡：更新案參與的人數眾多，每個人的想法也大不相同，要取得一個平衡點，相互協調與討論就顯得相當重要。當然，在協調過程中，就算我們盡了最大的努力，結論也不見得都是好的。舉個例子來說，我們曾經規畫一個海砂屋改建的案子，住戶約兩百多戶，原本十四層樓的房子有四米的棟距，且大多為單面採光，不但採光不足，就連通風也不好。在我們的重新規畫後，改成兩面採光，棟距開闊達八米到十米的長條型建案，並且以大模型製作來呈現整體空間感，來說服原有的住戶。結果，在所有住戶中有一百六十多戶同意，其餘的人無論怎麼說服都還是不同意，最後只好放棄，按照原本的規畫進行。

張：你做了很多都更案，有成功的，也有沒做起來的，對於住戶有什麼建議？

簡：我們是真心的期許都更可以讓城市越來越好，所以也希望地主與住戶可以多方考量整體效益，別光是著眼於個人利益，認為拿到的坪數比原本少就無法認同。其實有些案子雖然都更後拿到的坪數沒有原來的多，但因為都更後的社區公設增加，量體呈現出的質感也不同。在居住品質提升後，整體價值也比都更前高出許多。這是全體的共同利益，絕對不只是個人利益而已。因此，為了共同目標，我們希望與大家一同來努力，完成更多更新案。

張：那麼，當住戶的想法跟實施者不同時，你會怎麼做？

簡：當地主住戶與實施者產生意見分歧時，若某些問題跟建築設計有直接關係，建築師的角色就是以專業角度來回答雙方的問題。經常有住戶會打電話來給予意見，希望我們能採納，當然我們也會斟酌，若有些意見在建築上是可行的，我們還是會跟實施者討論，聽聽實施者的想法與見解。因為實施者對於市場產品的定位相當明確，若地主、住戶的意見會影響到產品定位，實施者也會持續住戶討論與溝通，來取得平衡點。

張：你覺得最難溝通的部分是什麼？

簡：在更新案的進行中，分配問題是最具溝通難度的。我們可以理解地主、住戶都希望自己能夠不吃虧，甚至多得到一些利益。而在建築設計規畫上，我們認為最具挑戰性的，就是一樓的分配問題。通常一樓地主都希望可以分到一樓，許多地主更希望分配與都更前一模一樣的坪數。問題是，更新後有住戶出入口等公共設施，以及退縮讓出人行道等問題，要做到與都更前一樣的規畫，實屬困難。更甚者，會出現面臨大馬路的店面數量減少的情形，又或是實施者希望都更後的一樓要改為入口門廳及公設，但原一樓地主並不同意等，種種分配問題較難協調，所以建築師通常都會跟實施者（建商）一起出面跟地主溝通，並提出專業見解，尋求解決方案，以期讓每件個案獲得圓滿成果。

張：所以，你在溝通的時候，也是從建商的角度來談嗎？

簡：就建築師的立場，主要還是以設計專業的角度來說明。至於是否會站在建商的角度來進行溝通，這倒不一定，反而會常站在住戶的角度去說服實施者。前面提過，隨著地主、住戶的都更知識越來越普及，實施者開始覺得難以從與地主們談的都更合作案中獲得很大的利潤，所以在合理的利潤內，實施者給予地主的條件也越來越有彈性。當然，前提是未來房價看好，若未來房價不明確，實施者風險增加，仍會產生許多不確定性，其擔心也是必然的。

張：說到房價，你們怎麼創造價格？

簡：建築物要創造價格，周遭的環境與對外公益性的設計影響最大。例如某建案不但臨接道路，並退縮人行步道甚多，建商出資認養社區附近較雜亂的區域，做成美麗的街角廣場或公園，當人們在這一個區域漫步時，就會覺得心情特別好。在建築設計的房子好，周遭環境也好的情況下，建案的價值當然就會有所提升。

此外，由於許多建商都想要蓋好房子，所以在建材方面也會採用較好的品項來施作。還有，在多元化的社會發展下，也有些建商開始找國外建築師，引進國外的觀念。

張：說到這一點，你認為建商找國外建築師來，是因為這是個好賣點，或只是個噱頭？

簡：過去，國外建築師在台灣的建案中常以掛名居多，實際上還是由國內建築師來執行，但現在早已不同，大家都是抱著相互學習的心態在做交流。例如有位擅長綠建築的知名新加坡建築師，他提出綠建築「生態觀念」，將綠意引進到每一居住單元中，使每一戶都綠意盎然。不只新加坡，還有香港、英國、美國等，只要有國外建築師參與台灣的建案，或多或少都會提供一些關於造型、觀念方面的意見。對我們的設計來說，不但能夠激盪出更多火花，還能夠得到許多特別的經驗。當然，我們也不是一味的認為國外的設計比較好，台灣的建築設計也是相當多元且創新的。值得注意的是，國外建築師在落實他們的設計概念時，常常因為不了解本地法規與環境特性，以致於有許多阻礙需要克服。但他們往往非常堅持己見，有時甚至不願意更改設計，尤其是結構部分，由於台灣位於地震帶上，所以光是這部分就需要充分溝通與協調。

張：剛才提到綠建築，你覺得需要爭取綠建築獎勵嗎？

簡：在未來的建案中，政府希望推廣綠建築的觀念，對於現在提倡的永續建築，也是必須落實的觀念之一。我個人建議爭取綠建築獎勵，不可否認的，這會直接影響到房屋的價值，但相對的也會讓居住環境更安定與永續，提升整體的居住素養。另外，我也建議將「智慧型綠建築」納入未來的建築規畫中，這是一種趨勢，將科技結合綠建築，期盼讓未來的建築設計朝更多可能性與高智慧方向發展。

張：可是綠建築的成本較高，還要先付一筆保證金，你覺得地主會同意嗎？

簡：以綠建築設計的建物，成本本來就比一般建築物還要高，但通常如果是實施者主導這部分的支出，則地主大多會同意。而且即便要執行，也會希望以「黃金級」為目標，不過因為門檻很高，很難達成，所以普遍都以做到「銀級」為主。若此成本是由地主自行負擔，意願就不會太高了。

張：我覺得綠建築不但可以讓住戶住得更舒服，也能提升房子的價值，從這兩個角度來看，個人覺得先拿出一筆錢是值得的。

最後一個問題，你做都更這麼多年，最想建議的是什麼？

簡：從政府頒布都更法令以來，一步步與都更個案走到現在，地主住戶們相較於一開始的懵懵懂懂，到現在普遍對都更都有一定的了解，有的甚至不輸我們這些專業人士。他們當然很會計算與衡量自己的利益得失，為的就是不想讓自己的權益受損，因此時常站在自身立場，卻沒看到整體的成果效益，有時甚至因為個人的堅持或不理性，造成一整個都更案的延宕，甚至無法進行。原本完成後會是一件相當具代表性的指標個案，就這樣放棄了，這是我覺得最可惜的地方。若要我提出些許的建議，我希望地主住戶們往更多角度去思考都更的長遠發展，大家都更深入了解，就會知道環境越來越好，是我們所共同期待的。

第八課

都市更新，財務問題面面觀

建　商：這是估價師根據每一户的土地持分計算出來的結果。

住户甲：我的一樓生意很好，應該要比樓上多很多，怎麼才多出一點點？

住户乙：我這户可是三角窗耶，應該要比樓上多兩倍才對吧！

住户丙：我現在是五樓加頂樓，可使用的面積很多，怎麼算出來才這麼少？

建　商：政府規定要找三位估價師，我也找了，這個數字就是估價師估出來的結果。

住　户：估價師都是建商找的，誰知道公不公正？

估價師：我是建商找來的，建商也算是我的老闆，你說呢？

都更的遊戲規則是「權利變換」，即以權利變換的方式來計算每一位地主都更後可以分配到多少？

本課除了告訴大家什麼是權利變換外，也提供都更相關的財務資訊，以避免住戶在都更之中蒙受損失。

01 錢從哪裡來？——更新的費用該來支付？

買房子要錢，修房子也要錢，都市更新當然也需要錢。那麼，更新重建的經費是由誰來出呢？錢不夠怎麼辦？

由實施者出資

都市更新事業的執行者爲實施者，更新的重建費也是由實施者出資。如果是委託建商擔任實施者，那麼費用就是由建商出資（建商也不見得都是自有資金，多數會找銀行貸款「建築專案融資」）。

如果是由地主自組都市更新會，就會由地主自己募集資金來重建；或是由地主透過土地信託的方式，將土地信託給銀行，再貸出建築融資；又或者向特定基金借貸（如九二一震災後，有九二一基金會的臨門方案）。

如果是地主委由代理實施者來進行，雖然帳面上是由代理實施者來出錢，但實質上則是地主透過土地信託專案融資的方式來處理，所以地主才是真正的出資者（見下表）。

不同實施者下的融資關係

實施者	重建費用借款人	連帶保證人	擔保品	還款
建商	建商	建商自己找	建商自己找	建商自己還
代理實施者	地主	代理實施者	更新土地	共同負擔折價抵付之房地銷售後還款，不足部分地主權利價值比例負擔
都市更新會	地主	更新會幹部	更新土地	地主依權利價值比例負擔

住戶不一定要出錢的兩種情況

住戶們最在意的，通常是參與都更後要不要付錢？

一般人總認爲都更後總樓地板面積比現在來得多，相對的土地持分會變少，既然如此，就是地主們拿土地去換新房子，換來的新房子是不需要付錢的。但在實務上的操作，仍是以價值來計算，並換算成樓地板面積。至於住戶到底要不要付錢，則與都更方式、地段、住戶選擇的樓地板面積、共同負擔等有一定的關連。

除了上述費用外，不可諱言的，在都市更新進行之初，一定會有許多先行費用，例如舉辦說明會的影印費用、場地費用等較小筆的支出，另外還有請估價師預先計算房屋價值的大筆費用，都是必須的支出。

但究竟這些費用要由誰先墊？

以我的木柵第一屋爲例，說明會的影印等支出，是由建經公司先支付；估價師估價及建築師畫藍圖費用，則由代理實施者先支付。不過，我也聽聞在某些都更案件中，地主們會先籌資一筆都更基金，一來表示對都更的誠意，另一面方也供都更流程中需要的支出（如影印、開會場地租金），這筆費用不必很高，或許每戶每月拿出一千元，或是一次拿出一萬元都可以，讓社區更新在最初就有共同的力量。

在社區中，一定有不願意交付基金的住戶，此時已交付的住戶也不必擔心，一旦都市更新開始運作，且同意人數達到可進行更新時，這筆費用可以納入共同負擔計算中扣除，屆時還是會大家一起分攤。

以下兩種方式，可以讓住戶有機會不用出到錢。

協議合建——不用出錢

在協議合建的架構下，原住戶是不用出錢的，原因在於建商已經算好與地主之間可以分回的比例，並以住戶們比較能接受的樓地板面積去談，或是大致以當地的土建比來談分屋的條件，又或是直接以現有樓地板面積，還有加成或加車位等方式來談。

由於協議合建契約是屬於私契，也就是建商與地主雙方同意簽字，就可以構成法律上的效力。因此，建商爲了讓地主簽字，所開出來的條件通常都不需要住戶出錢，而且連所分到的建物面積都會一併載明，所有事情都由建商處理，許多住戶在樂得輕鬆的情況下，也就會同意協議合建。而住戶唯一要拿出來的，就只有土地與更新的同意書而已。

問題是，協議合建的成本及過程都無人監督，政府也不介入，除非產生爭議提起訴訟，協議合建契約的內容才會被法院拿出來做爲判定的依據。不像權利變換有公權力的執行，分配的內容也被檢視（權利變換計畫有經政府都更審議委員會審議），因此表面上住戶不用付錢，實際上是否能讓住戶得到應有的權益，也值得住戶們三思。

權利變換——依個案找補而有不同

地主們如果決議採取「權利變換」，則是透過權利價值的交換分配來處理，所以住戶們分回的應分配價值，與實際上選擇的住宅會有價值上的找補。（關於找補，之後會有更詳細的說明。）

都更資金的強力後盾——銀行

無論是建商或地主自己辦理更新，又或是找代理實施者，真正把現金拿出來的人，大部分是銀行機構。目前有數家銀行已經嗅到了都市更新這一塊大餅，甚至成立了相關科室來辦理都更案。

除了貸款外，對銀行和地主住戶們而言，土地信託也是都市更新的安全閥，如果選錯了信託業者，對於地主、住戶們的傷害不可謂不大。本節將告訴大家，如何選擇優良的機構來進行土地信託，讓都市更新流程更令人安心。

如何向銀行專案融資貸款？

從貸款的對象來看，無論是建商或地主自組的更新會，都可以向銀行借款。但實際上，建商遠比地主自組的更新會更容易借到款，原因在於當銀行要借錢給都市更新會時，會要求理監事來做連帶保證人，而擔任都市更新會的理監事都是義務協助社區重建，幾乎沒有人願意擔任連帶保證人，到頭來都市更新會也就無法從銀行端借到錢。

至於代理實施者，本身就是公司組織，重建費用的融資是由地主自己來借，但代理實施者可以擔任連帶保證人，對於銀行而言，便相對的具有保障，也因此較容易取得更新專案的資金。

土地擔保＋連帶保證，銀行貸款有保障

更新的所有費用都是住戶們借來的，至於借款的方式，在九二一重建時，因爲融資機構是九二一基金會，雖已有專案專戶的機制，但基於協助受災戶重建，加上有信保基金的擔保，而未引入信託機制。現在則是住戶們必須以土地去抵押，再利用土地信託更新專案融資的方式來取得資金。

而現在的自力更新，無論是自組更新會或找代理實施者，爲了籌得更新的資金，也都必須透過銀行融資，銀行爲了確保債權，必須完成借款人的信用審核。

基本上，銀行的做法是要有物的擔保，換言之，就是用土地來做擔保，也就是用土地來借錢，而這部分就必須把土地作抵押設定，如果之前有舊貸，那麼就要借新還舊，確保融資銀行能在抵押權設定的第一順位。

第二則是要有連帶保證，如果是自組更新會，那麼就要由更新會的理監事或全體住戶來做連帶保證，以確保當還款人無力償還時，尚有其他人可以代爲支付。然而，在以都市更新會的模式去借款時，通常住戶本身都要負擔自已的費用，比較無法、也不願去承擔鄰居無法支付時的貸款壓力，這也使得銀行在評估都市更新貸款時，較少有借給更新會的案例（少數因基地條件太好的個案，銀行才同意不用連帶保證）。

如果是代理實施者的話，通常代理實施者爲協助做連帶保證的部分，也就可以解除由原住戶擔任連帶保證的問題。但是，代理實施者也會擔心住戶們的還款能力，所以會要求住戶們將土地一併信託，萬一有住戶在更新期間有其他債權債務問題，也不至於使正在更新的土地發生限制登記問題。再者，住戶若之後確實有還款上的問題，也可以由銀行將該住戶持有部分進行處分，亦不至於影響到全體住戶的更新。

在銀行方面，也會確保未來債務的還款來源是不是明確。由於都市更新有建築容積的獎勵，可以有機會多蓋建築樓地板面積，再透過折價抵付的房地銷售後，拿來償還借款。當然，每出售一戶的金額，也是要按權利價值比例均算到各個現有住戶身上，直到完全清償爲止。等到銀行確保有正常融資利息繳付的能力後，才會核定這個專案融資。

融資金額多寡，各家銀行皆不相同

目前，在中央訂定「都市更新事業優惠貸款要點」中，可透過二十四家銀行辦理貸款，而且必須要完成都市更新事業計畫及權利變換計畫之核定，才能申請貸款。

由於每家銀行的融資條件不同，其中有少部分融資銀行可以貸到百分之百的都市更新實施費用（但也是會針對特殊有利基的基地條件），換言之，可以取得更新時所需的所有費用。要注意的是少數有問題的代理實施者，爲了爭取都更業務，不惜以百分之百融資爲號召，但也要注意眞正的資金來源，或是之後有沒有要再加入的部分。

部分銀行僅融資七成，且更新重建費用裡的利息及風險管理費是不借的。原因在於他們主張自力更新過程中，住戶們也要有責任負擔，這樣也可以強化住戶自力更新的決心及參與度，就算在最後更新案是有獲利的，仍應如此。

都更的安全閥——土地信託

「土地信託」在近年成爲都市更新貸款的關鍵，也是保障銀行及住戶在都更中將風險降到最小的一個方式；而不同的都更方式，進行土地信託的原因與方法也不同。

建商操作方式

建商之所以要求地主做土地信託，是擔心土地在更新期間有變動而影響更新執行，當然，建商爲實施者時，不可以要求地主把土地抵押做建築融資的擔保品。另外，若建商有要求做土地信託，他所將支付的費用將專款、專戶、專用，以確保土地與錢都能確實的用在更新案上。

代理實施者操作方式

代理實施者是代理地主執行更新動作，等於是代替地主們借錢，爲了讓都市更新借到的錢能夠合理的使用，並確保安全，使用土地信託專案，建築融資可說是最好的方式。

土地信託專案建築融資操作方式

首先要先估算更新重建費用，各地主將土地與向銀行借到的專案建築融資一併信託，交付到信託專戶去。信託的好處在於能將要參與都更的土地都綁在一起，同進同出，確保更新案的執行，也有利於重建費用的融資。不過，銀行要借錢給更新案，又要管信託，當然也要收到好處，借錢部分就是要利息，並先確保還款計畫是否適當，而信託部分也會酌收信託管理費。再者，不是每一位住戶都認同信託的，因爲要把自己名下的土地信託給銀行，等於是要簽信託契約，並將土地交付給銀行，那麼土地產權上的所有權人就會換成是銀行，這不是每一位住戶都願意的。一旦有少數住戶不同意信託，更新案的執行力也會受到挑戰。

信託專戶成立後，在更新工程期間的營造費用，則由銀行確認工程進度後再撥款（這部分也可以配合建經公司的營建管理能力），而爲了完成更新案，除了營建費用外，還有其他的費用，如有代理實施者，則會協助負責先期規畫的費用：包括更新單元劃定、都市更新計畫、都市更新事業計畫、權利變換計畫等所有與都市更新相關之建築規畫費用及顧問費用。

另外，有些非屬顧問性質的費用，例如營建工程款、空污費等，則可以由代理實施者或信託專戶支付。

更新後的房地，除了部分分回給原住戶外，其餘房地則經代銷公司協助銷售，所取得的款項將回到信託銀行進行還款，或是返還給代理實施者協助支付之前代墊的款項。至於所還額度不足的部分，就需要原住戶依比例來支付償還了。

也由於前置更新作業的費用由代理實施者出資，而更新重建的主要工程等費用則由銀行支出，使得地主不必眞的拿出錢。

如何選擇土地信託業者？

對地主來說，土地信託是一種保障，可避免土地被建商A走；就銀行來說，土地信託是「債權的保障」。此外，也不必擔心有地主戶臨時改變主意不都更，造成都更進度落後，甚至白忙一場。

在選擇土地信託業者時，爲了保障地主的權益，建議以公營銀行爲優先選擇，雖然相關費用較高，以安全性來考量，還是値得的。

錢用在哪裡？——更新所需要的花費有哪些？

爲了辦理都市更新，無論是重建或整建，都要花費一筆錢去辦理，這筆錢稱之爲「都市更新實施總經費成本」，這些費用都是都更戶要共同負擔的費用。都市更新實施總經費成本大致可分爲五個部分。

❶**工程費用：**包括原有建築物的拆除費用、新建工程的營造費用、建築設計費用都市更新實施總經費成本及其他相關規費。如果涉及公共設施開闢，那麼還會有公共工程開闢費用。

❷**權利變換費用：**包括都市更新規畫、不動產估價、更新前測量、土地改良拆遷補償及安置、地籍整理。

❸ **貸款利息**

❹ **稅捐費**

❺ **管理費用**：包括人事行政、銷售及風險管理費。

上述各種費用，都需要與實施者共同負擔，台北市針對共同負擔則有認列標準可查詢。除了這些費用之外，還有哪些費用問題需要特別注意？

安置費用的問題

如果說拆除費用包含在工程費用之中，那麼拆除後住戶的安置費用要不要考慮呢？可想而知，舊屋拆除前，住戶就要另謀新住所——對於擁有其他房子的住戶來說，安置不是問題，但對於需要租屋的住戶而言，都更需要二到五年不等的時間，租屋費用並非一筆小數目，這筆費用要不要納入共同負擔呢？

如果是與建商協議合建，安置的部分建商自然會與住戶進行協議。在我木柵第一屋的會議上，也有住戶提出這個問題，大家討論後認爲，由於我們社區是以代理實施者的方式來進行都市更新，安置費用理當由自己負責。

雖然每個社區的決議不一定相同，但很可能社區中還是有住戶無法自付安置費用，如果因此延宕都市更新的速度，實在很可惜。因此我也建議，當社區住戶有安置上的困難時，還是要想方設法，透過不同方式的借貸（協助住戶向銀行借款，或是用社區基金協助），先行墊借，並將費用納入個人負擔，日後分回時再將費用取回。

上述的問題較可能會出現在社區自力更新時發生，如果是建商當實施者，或是以代理實施者方式，安置費用就有其認列的方式，比較不會發生此問題。

風險管理費的問題

依台北市都市更新處（二〇一〇年十二月）「都市更新事業及權利變換計畫內有關費用提列總表」說法，風險管理費可視爲實施者投入資本、創意、管理技術與風險承擔所應獲取對應之報酬。

當實施者爲自組更新會或代理實施者時，無論更新單元規模爲何，費用得依基準規格（二〇〇八年爲十二％）提列。另外，所提列的風險管理費如有清算退費之機制，應於計畫中加注說明。

當實施者爲建商時，由於建商會負責借款、承擔風險等，風險管理費確實常被當成是建商在「帳面上」的利潤。

當自組更新會時，因爲住戶自行負擔，沒必要自己花錢再分回給自己，於是也不太編列風險管理費。

至於代理實施者則處於模糊地帶，雖是「掛名」實施者，但資本又不是他出的，而是地主們拿自己的地去借來的，銷售的結果也要地主們自己承擔，眞要論及貢獻，大概是創意及管理技術吧！這部分幸好在計畫中有清楚的「清算退費機制」，不然風險由地主承擔，利潤卻是被代理實施者拿去，實在是有點說不過去。

範例：更新財務計算

延續〈第七課〉所談的範例，我們知道更新後預計要興建地上十層樓，地下兩層樓的ＲＣ結構建築，總樓地板面積爲一〇四九六平方公尺（三一七五坪），預算更新實施費用約在三．三億元，則平均每坪成本約在十．四萬元。樓層越高，則成本越高。

目前台北市針對更新費用的估列，有一套認列的標準，裡面也都有詳細的估算方式，下頁的範例也是參考台北市的做法來計算更新費用。

範例：更新財務計算

總項目	項目	細項		數量	單價	總額(元)
壹、工程費用	一、重建費用（A）	（一）拆除工程（建築物拆除費）		5,450㎡	1,000元／㎡	5,450,000
		（二）新建工程	1. 營建費用（含公益設施產權面積）	10,496㎡	21,500元／㎡	225,664,000
			2. 建築設計費	--	--	3,553,741
			3. 鑑界費	5筆	4,000元／筆	20,000
			4. 鑽探費	6處	30,000元／處	180,000
			5. 建築相關規費（營建費用0.1%）	--	--	225,664
		（三）其他必要費用	1. 公寓大廈管理基金	--	--	1,814,874
			2. 開放空間基金	0	0	0
			3. 空氣污染防治費	--	--	468,848
			4. 外接水、電、瓦斯管線工程費用	68戶	60,000元／戶	4,080,000
		重建費用（A）合計				241,457,127
	二、公共設施費用（B）	（一）計畫道路開闢		0	0	0
		（二）協助附近公有建物整修經費		0	0	0
		（三）其他必要費用		0	0	0
		公共設施費用（B）合計				0
貳、權利變換費用（C）	一、都市更新規畫費（含調查費用）			1家	5,900,000元／家	5,900,000
	二、不動產估價費（含技師簽證費用）			3家	400,000元／家	1,200,000
	三、更新前測量費（含技師簽證費用）			1家	300,000元／家	300,000
	四、土地改良物拆遷補償及安置費用			50戶	240,000元／戶	12,000,000
	五、地籍整理費用			68戶	40,000元／戶	2,720,000
	權利變換費用（C）合計					22,120,000
參、貸款利息(D)＝(A+B+C)×當時貸款利率(3.86%)×營造期間(2年)×貸款利息折半計算(1/2)				--	--	5,087,039
肆、稅捐(E)	相關稅捐(E)＝(營建費用＋建築設計費)×印花稅(0.1%)			--	--	229,218
伍、管理費用(F)	一、人事、行政管理費用(A+B+C+D+E)×規定上限(5%)			--	--	13,444,669
	二、銷售管理費(A+B+C+D+E)×規定上限(6%)			--	--	16,133,603
	三、風險管理費(A+B+C+D+E)×規定上限(12%)			--	--	32,267,206
	管理費用(F)合計					61,845,478
共同負擔總計(A＋B＋C＋D＋E＋F)						330,509,644

注：本表相關計算之詳細規定參考「都市更新事業及權利變換計畫內有關費用提列總表」（台北市都市更新處，二〇一〇年十二月）。

建商更新下的負擔

如果更新案是委由建商來開發，那麼更新重建的所有費用就會由建商先行負擔。主要在於初期的更新規畫、整合等相關費用必須先支出，而等到更新案核定、透過銀行融資取得貸款後才開始興建。

建商通常會以更新專案向銀行貸款，基本上，由於建商有過去的業績，相較之下是具有還款能力的法人，本身也可以連帶保證，因此除了自有資金外，還會如同以往的土地開發一般，向銀行借得建築融資（建商所有負擔的費用，會從更新後的房地取得折價抵付的部分）。

由於更新事業計畫上的財務，所出現的費用額度是採「認列式」，台北市甚至有一套認列標準，好處是避免建商浮報，但也協助建商「暗槓」眞實費用，而採官方認可的費用去編列。換言之，建商眞正花的錢不會出現在帳面上，但在帳面上所認列的費用，卻會成爲建商分回的依據（共同負擔折價抵付）。有趣的是，若建商所認列的額度高於眞實費用，是沒有人知道的，但若低於眞實費用，應該沒有建商會來投入更新吧！

自力更新下的負擔

由建商出面辦理的都更，原則上費用會由建商來出；如果是代理實施者，或是組成都市更新會，那麼錢就會是住戶們自己出了。在這種情況之下，每一個住戶都要很清楚的知道在重建過程中要花哪些錢，包括重建工程費用、權利變換費用、貸款利息、稅及管理費用等，住戶們必須依權利價值比例來攤算自己應該負擔的費用是多少。

地主住戶們的財務問題解析

都更有成功案例，也有失敗的例子，有時失敗的原因出在地主們對於所面臨的財務問題不了解，實在很可惜。在此列出兩個在都市更新時，地主們最「有口難言」的問題，並提出想法。

問題1：房子還有貸款、甚至二貸時怎麼辦？

一般房貸的抵押設定會在土地與建物兩個部分上，由於更新重建時，會將現有建物拆除再蓋新的房子，現有建物就會滅失，只剩下土地，土地部分的抵押權會依抵押設定順序同時轉載到同一土地所有權人名下新的土地及建物，當然也包括二貸在內。然而在實務上，由於新建建物仍需重建費用的融資貸款，融資銀行不會想要放在第二順位之後，因此會要求住戶在新建房屋價值的額度內借新還舊。

問題2：薪水有限，就算更新後房子更值錢了，但房子面積縮水，我又沒能力負擔大一點的房子，怎麼辦？

這個問題的確不好解，畢竟人對於自己習慣的地方有一定的感情，但如果真的沒辦法，比起每個月繳更多的貸款，或許考慮將房子賣掉，選擇房價較低但坪數較大、較符合自己需求的地方，會是較好的解決方式。

都更成功的最大關鍵——權利變換

以「土地持分」爲主要計算方式的「權利變換」，與一般房地產市場交易的價格計算方式不同，因此在權利變換計算之初，不少住戶們會覺得：「怎麼可能是這個數字？」（尤其是一樓及五樓），但由於都市更新前後的社區面貌不同，以土地價值來計算，可說是較公開、公平、公正的方式。

權利變換可說是都市更新成功與否的核心，如果大家都同意權利變換的結果，那麼都市更新也已經成功了一大半。

什麼是權利變換？

權利變換乍聽之下十分專業且難懂，簡單來說，如果把社區比喻成公司，地主、住戶們就是股東，權利變換就是每一位股東可以得到的股份。

權利變換是以每位土地所有權人的土地持分來計算——在都市更新重建過程中，地主及建商分別出地、出錢，透過法令的允許，重新交換分配更新後的土地及建築物。由於更新前的土地價值與更新後的土地與建築物的價值有所不同，因此，透過政府法令制定一個分配的模式，就稱之爲「權利變換」。

權利變換的本意，就是透過公開、公正、公平的方式，處理相關權利人的產權、建物土地分配，以互助合作方式實施都市更新，其精神類似「立體之市地重劃」或「法制化的合建」。

權利變換的計算方式

步驟1：建商與地主的分配計算方式

在估算權利變換分配，要先透過估價師估算出更新後的房地總價值，再把估算的更新後房地總價值減去重建費用，剩下的就是要分回給地主的應分配價值。

範例

❶更新前後價值估算情境說明

更新前後價值是由估價師估算出來的，延續前面的範例，社區有五十戶，要逐戶估算土地價值，再分算到各土地所有權人，不過我們先設定一戶一地主，也就是更新前有五十位地主；至於更新後的部分，總銷面積爲二四四九坪，車位有六十位。戶數部分採〈第七課〉的方案三，也就是更新後就有六十八戶，各戶的室內面積爲二九．九五坪，產權面積有四六．六九坪。

❷權利變換分配比計算

更新後的價值是以「銷售面積×平均房屋單價＋車位數×車位單價」，本範例分三種情境來假設，即高價位區、中價位區及低價位區。很明顯的，房價越高的地區，在相同的重建費用之下，地主可分回的比例也就越高。

範例：更新後價值估算及分配比計算表			
項目	高價位區	中價位區	低價位區
房價	70萬元／坪	50萬元／坪	30萬元／坪
車位價	150萬元／位	120萬元／位	90萬元／位
更新後價值	180,429萬元	129,649萬元	78,869萬元
建商折價抵付價值（＝重建費用）	33,051萬元	33,051萬元	33,051萬元
地主分回價值	147,378萬元	96,598萬元	45,818萬元
分配比（建商：地主）	18：82	25：75	42：58

以高價位區爲例，地主分回價值一四七三七八萬元＝更新後價值－重建費用（180429-33051＝147378）。建商與地主的分配比算法是建商折價抵付價值：地主分回價值＝十八：八十二（33051÷180429：147378÷180429＝18：82）。

❸權利變換地主分回面積計算

按照上述的分配比例，房價越高的地區，地主可以分得的比例高，表示可分回的面積也會越高。高價位區裡，不僅產權面積大，就連室內面積也比更新前大。而在中價位區裡，每戶分回產權面積有增加，室內面積雖有較大，但比較接近於更新前。然而到了低價位區，則雖然產權面積增加，但室內坪數卻減少了。

更新後價值估算高低會影響分配比例

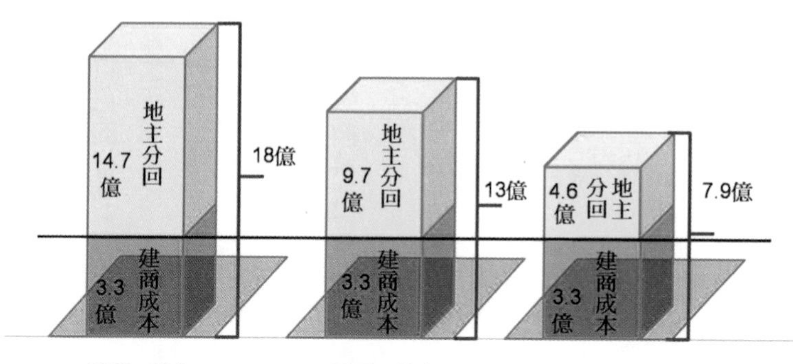

建商：地主＝18：82　建商：地主＝25：75　建商：地主＝42：58

範例：更新前後面積比較表			
項目	高價位區	中價位區	低價位區
建商分得產權面積	582坪	809坪	1,330坪
地主分得產權面積	2,593坪	2,366坪	1,844坪
每戶分回產權面積	51.87坪／戶	47.31坪／戶	36.89坪／戶
每戶分回室內面積	33.29坪／戶	30.37坪／戶	23.68坪／戶
更新前後面積比較 產權面積 室內面積	 更新後＞更新前 更新後＞更新前	 更新後＞更新前 更新後≒更新前	 更新後＞更新前 更新後＜更新前

步驟2：地主間的分配計算方式

地主自己的權利價值比例

拆算出建商與地主的分配關係之後，接下來就要算地主間的分配，都市更新是以地主在更新前的土地價值所占的比例來計算，稱之爲「權利價值比例」。每一地主所分得的價值，稱之爲「應分配價值」，就是把全部地主應分回的價值×權利價值比例。

更新前的價值估算受到產權影響

更新前土地價值指的是地主更新前所持有產權上的價值，然而在老舊公寓中，公共設施的登記常會出現標準不同的情形。假如社區中住戶登記公設的情形不一，在權利變換時也會成爲一個討論的話題。

以我的木柵第一屋來說，即使是同一個建商，我們也發現十棟建物中，有些住家的公設未登記，有些公設有登記，還有一棟是某幾樓有登記、另外幾樓沒登記。如果讓未登記者再去辦理補登，手續十分複雜，且有一定的難度，需要非常久的時間，還不一定能完成。但如果大家都不記公設，也有人反對。

經過一番熱烈討論後，爲了讓都更可以更加順利，大家以投票方式做出「不要登記公設，而是以實際面積來做爲權利變換的基準」的決議。

差額之間，進行找補

當地主選擇新屋之後，與應分配價值來做計算，如果地主所選的新屋，價值高於應分配價值，那麼該地主就要再出錢；反之則可以拿回錢——這個動作即稱爲「差額找補」。簡單來說，找補就是多退少補的概念。

由於重建的建築設計上，無法讓每一地主應分配價值所換算的樓地板面積恰恰等於實際規畫的坪數大小。再者，因更新後建築物的樓層規畫及各戶面積的規畫，都與原來不一樣，有可能原來在一樓有十戶，但更新後規畫只剩下六戶，也沒辦法完全都按照所謂的原位次分配，因此多少總會發生差額找補。

範例

❶權利價值比例及應分配價值計算

更新前的價值是需要透過估價師去估算當地的土地價值，再利用樓層效用比分算到每一樓層，這個範例以中價位區來估算，土地價值是六．八億元（土地單價爲一一二．五萬元／坪），更新前建築物有十棟，我們就算其中一棟的價值來看，A棟五樓的土地價值爲一三七九萬元，占全部土地價值的二．○三％（1379÷68062.5＝2.0261％），這就是該戶的權利價值比例。全部地主分回價值爲九六五九八萬元，那麼A棟五樓應分配價值就是一九五七萬元（2.0261％×96598＝1957萬元）。

範例：地主間分配價值表					
樓層	更新前土地價值	權利價值比例	應分配價值	實分配價值	找補金額 ＋領；－補
A棟5F	1,379萬元	2.0261%	1,957萬元	1,921萬元	36萬元
A棟4F	1,253萬元	1.8410%	1,778萬元	1,921萬元	-143萬元
A棟3F	1,266萬元	1.8601%	1,797萬元	1,921萬元	-124萬元
A棟2F	1,279萬元	1.8792%	1,815萬元	1,921萬元	-106萬元
A棟1F	1,629萬元	2.3934%	2,312萬元	1,921萬元	391萬元
……	……	……	……	……	……
合計	68,062.5萬元	100.00%	96,598萬元	96,598萬元	0

❷差額找補計算

如果該戶想分得建築規畫方案三（詳見〈第七課〉）的面積及一個車位，那麼更新後的價值即爲一九二一萬元，如此一來，A棟五樓還可以領回三十六萬元（1957萬元－1921萬元＝36萬元）。不過，對於A棟四樓而言，他若也想分得跟A棟五樓一樣價值的房子，那麼他還要多花一四三萬元（1778萬元－1921萬元＝-143萬元）才可以。

分配計算四大重點

在進行權利變換分配時，住戶要注意以下四個重點：

重點1：更新後的價值為何？是否大於更新前的土地價值加上重建費用？

更新後的價值應該要大於更新前的土地價值加上重建費用，如果更新後的價值低於成本，等於是財產縮水，還不如不要更新。

重點2：權利變換的比例關係

在參與權利變換分配下，更新前的價值不能只看自己的，還要看與鄰居之間的關係。權利變換的分配方式在於地主間的比例關係，當自己土地價值占比的比例越大，相對的，分配到更新後的價值也會越高。如果全部的住戶比例都「等比例放大」了，跟原來是沒有差別的。

重點3：不參與權變分配，看的是更新前土地價值

若不參與分配，那麼更新前的價值就相對的變重要了。在此要注意的是，拿到的錢稱爲「補償金」，只是針對土地的價值計算，至於建物的部分則是領回「建物殘餘價值」，相較於目前市價估算的價值（稱為「房價」），還是不一樣的。

重點4：更新後價值的多寡，對地主的分配影響甚大

按照權利變換的分配機制，地主所分回的部分是指更新後的價值扣掉共同負擔費用。目前共同負擔費用大致上都有所謂的認列標準，換言之，建商大概也不太能動手腳。但更新後的價值就充滿了變數，包括更新後建築規畫設計、產品設計，甚至在「價值」上的估列，彈性就大很多。估價師本應善盡職業道德去估算「合理」的價格，然而對估價師而言，這價格不是一個數字，而是一個「合理區間」。於是也給了建商一個空間可以增減。在相同的重建費用之下，更新後價值偏低會使得地主們分回去的總價值也減少；相對的，價值偏高會使分回去的總價值略增。

不過，關鍵在於各地主在意的是自己的部分，包括估算的價值，當然建商也不見得會把整體價值給每一位地主看，在這樣的情形下，容易造成部分地主去要求調高自己的部分，反而侵蝕到其他地主的分配。而更新後價值高估，可能因為單價增加，使得自己分回的面積也變小了。

張教授真心教室

覺得權利變換不公時，這樣處理

目前，政府並沒有評鑑估價師的制度，雖然政府有審議委員會可以審查，但由於都市更新的案子非常多，除非真的很不合理，審議委員們還是以尊重估價師的專業為主。

如果民眾覺得權利變換的結果十分不合理或不了解，可以請專業人士幫你將疑點寫出來，進行申訴，並請專家重新評定。有些案子在經過地主戶的申訴後，調整的幅度的確還不小。不過，要注意的是若只針對自己的部分重估，帳面上的價值或許增加了，但透過權利變換分配後，不見得會因此而增加分配面積。建議還是要全體去調整估算，比較能得到合理的結果。

反過來說，如果評定之後依然與估價師所估算的相差無幾，那麼極可能是地主戶們不了解權利變換的方法，千萬別誤會了估價師。

權利變換與合建大不同

「權利變換」談的是價值上的分配，所以估價就變得很重要。因爲權利變換是用法令制定的分配規則，因此政府也要求這部分要有三家估價師來做估價，而這三家所估出來的價值並非平均計算，而必須選出其中一家做爲價值的計算基準較爲合理。由於估價師是由實施者選定，所以地主們也可以要求其中一家由地主們來選定。

「合建」指的是面積上的分配，實施者（建商）直接按地主原有建坪方式，以加成或加車位等方式直接給地主。這部分必須透過合建契約來約定，不過由於許多建商都會說是「假權變，眞合建」，也就是要做一套帳面上的權利變換計畫，來達到相關稅賦減免的目的。

如果以「假權變，眞合建」的方式進行都市更新，地主們需留意這個做法與法律效力有所抵觸的部分如下：

分配的條件

因合建是採面積方式計算，而權變則是將價值計算，兩者得到的結果不盡相同，地主們在與建商簽約時可加入一條「合建條件與權利變換條件，擇優選擇」。

賦稅的問題

雖然帳面上是權變計畫，但實質上卻是合建關係，現在稅捐機關會從資金動向去查，若被查到，還是要課徵合建的互易稅，甚至要裁處罰鍰。換言之，原本想達到節稅目的，卻因被查到而得不償失。

範例：協議合建與權利變換的不同

項目	協議合建	權利變換
實施者	建商	建商或地主戶均可
經費來源	建商籌資	地主戶籌資
有無暗盤	有，私契行為	無，公開透明規定
分配方式	面積分配	價值分配
有無稅賦優惠	無	有
政府監督功能	無	有
彈性	有	無

估價師——權利變換的靈魂

在都市更新的進行方式中，目前以建商為實施者的方式占最多，因此在權利分配上可分為兩個階段：一是地主與建商的分配，二是地主之間的分配。

在權利變換的分配上，地主與建商要按照怎麼樣的比例來分配？是建商多一點或地主多一點？分配的比例能不能讓建商覺得有賺錢，讓住戶覺得不被A？又，地主之間的分配是否能讓大家滿意？

這些都靠估價師的估算。

估價師的簽字和會計師一樣，都具有法律效力，雖然估價師有一定的估價遊戲規則，而政府也規定必須由三位估價師估價，但在業界常聽聞估價師被建商「暗示」調整估價的情形，原因在於估價師是建商找來的，「不聽話」的估價師可能會被建商視為「永不合作的對象」；不然就是三位估價師中，有一位是「領銜」估價，其他兩位是「配合估價」（就像很多標案一樣），讓地主戶們難免會擔心被騙。

從估價到權利變換的過程，可說是地主住戶們最大的困擾，雖然曾有人建議估價師不能由建商找，但也說不通。因此，為了消除地主住戶們的不安，除了我在〈第二課〉提到，地主戶們至少要找一位估價師估價外，也建議可向「台北市不動產估價師公會」尋求堅守職業道德、不偏向建商立場的估價師。

都更小辭典

權利變換

所謂的「權利變換」，根據都市更新條例第三條的解釋為：「更新單元內重建區段之土地所有權人、合法建物所有權人、他項權利人或實施者，提供土地、建築物、他項權利或資金，參與或實施都市更新事業，於都市更新事業計畫實施完成後，按其更新前權利價值及提供資金比例，分配更新後建築物及其土地之應有部分或權利金。」

如何選擇位置？——都更後的住戶樓層安排

都更後，誰住哪一戶？如何安排？如果我想住的那一戶跟鄰居一樣，又該怎麼辦？

按權利變換進行分配

權利變換的分配程序是依照法令規定辦理，原則上都市更新權利變換的是按價值來計算，因此會有「應分配價值」及「實分配價值」，住戶們在權利變換裡分得的是應分配的價值，然而因實際選屋的差別，所造成的差額必須進行找補。

值得留意的是，因爲實施者會用更新後房地做折價抵付，換言之，有一部分房地是屬於實施者的。如果實施者是建商，那麼有可能是建商先選走，剩下的再由住戶們去申請分配，或是建商同意由住戶們先分配，剩下的才被建商拿回去做折價抵付的部分。

在分配位置時，實務上沒有一定的方式，不過實施者都會先以「原住戶原位置」的分配概念來進行，除非有多棟建築且有區別。不過，當無法分配到原住戶原位置時，通常也都會先與住戶協商。當然，住戶與建商實施者之間仍會有一次找補，之後才是住戶間的找補。

分配完的房地，在更新完成後會由實施者以書面方式通知限期接管；逾期不接管者，自限期屆滿之翌日起，視爲已接管。

考量經濟能力申請分配

當建築規畫完成設計後，需要有估價師針對更新後的每一建物標的及停車位等進行估價，估算出來的價格加總後，就是該更新案更新後的房地總值，也就是一般所稱的「總銷金額」。

等到這部分都完成後，實施者必須把更新後各戶的價值、位置、面積、平面圖等給每一位住戶，並要求住戶在三十日內完成申請分配的動作。

當住戶收到申請分配通知時，必須考量自己本身在更新裡分得的「應分配價值」是多少，並考量自己的經濟能力、未來能否負擔的狀況及需要的建物，斟酌考量後，在分配期間內向實施者提出分配的意願。

相同位置依抽籤決定

如果有兩戶以上選擇同一位置，那麼就要進行公開抽籤，所以住戶們最好能先行協調出分配的原則，看看有沒有要更換。若仍堅持不換，就要透過公開抽籤的方式來決定誰可以優先選擇。

由於更新後的建築與更新前有很大的差別，所以很難有一致的做法，原則上當然是商鋪戶選商鋪，住宅戶選住宅，而臨街戶選臨街面，低樓層戶選擇低樓層，高樓層戶選擇高樓層。

不申請分配者，代分配

在分配期間，如果住戶仍堅持不肯表態，以爲可以爭取最高利益，那就錯了！因爲在分配期間結束後，如果是屬於「不能分配者」（即未達最小分配面積），就會直接領取補償金離開，而可以分配又不表態者，則改由實施者代爲抽籤。

通常這個階段所剩的建物，都是社區住戶比較不想選的，位置也可能較不理想。所以，除非該更新案未能獲得大家的同意，否則都更進行到這個地步，算是規畫的末端，而且也過了法定同意門檻，完成後就會送件申請審議。住戶們最好不要硬拗，以爲撐到最後可以分得更多更好，反而要非常理性的去面對，免得錯失機會，變成對自己不利。

張教授與銀行對談

對談者：土地銀行　梁美玉經理（信託部）
張文泰科長（企業金融部都市更新科）
楊露芬副科長（信託部不動產信託科）

主題1：從銀行角度看都更

主題2：都更信託是否眞的必要？

（補充說明：以下張金鶚教授簡稱「張」，張文泰科長簡稱「張（科）」。）

張：大家都不希望在都更中先拿錢出來，這時就只好靠借款。銀行在都更中，扮演了借款和信託這兩個重要角色，請問從銀行角度來看都更，有什麼想法？

楊：我們看到的都市更新，其實是合建的一種，不過因為訂定都市更新條例法之後，有一些條件上的優惠和誘因，許多建商會進入到這一塊，目前以都市更新融資數字來看，還是以建商居多，地主自組更新會很少。

張（科）：以我們目前核貸的件數來看，核貸超過六十件，其中地主自組更新會融資只有三件左右。

張：在融資方面，對於地主自組更新會成為實施者，是否有特殊條件？

張（科）：一般而言，銀行在融資時會考慮借款人的「5P」情形，來決定核貸的條件。如果是建商擔任實施者融資時，通常就由建商擔任保證人，地主不必先拿錢出來，但是將來地主在分配房子的時候，比例上可能會比較差一點；如果是由更新會來籌資，因更新會是臨時組成的「一案公司」，每一位參與都更地主的債信狀況不同，銀行需要依個別的資信及償債條件來做調整。

另外，地主不想找建商，最大的原因就是分配比例的問題。但如果由建商主導，考量其專業、品牌及經費由建商出面籌措等，將來蓋的房屋，其房價很有可能賣得比較高。反觀自主更新會，每一件事都會由原地主們所組成的一案公司分擔，從申請劃定的都市更新流程、住戶協商與開會、興建計畫、融資規畫及財務計畫等，每一件事都具有專業性，同時也考驗著這一案公司的經營能力，所以風險相對的也比較高。另外，未來發包營造廠蓋出的房子與有品牌建設公司的價值，其差異也是未知數……這些都是銀行在融資時需要考量的地方。

張：地主可以辦個人借款嗎？

張（科）：可以，如果原地主沒有借款，且5P都符合的情形下，應該沒有問題的。但如果原地主都已有舊房貸，此時地主再辦理都市更新的個人借款，就有可能面臨債信擔保不足的問題，銀行該如何有效確保債權，是必須面對的問題。

張：看起來自組更新會雖然可以得到比較多的分配利益，但是到了貸款這一關就比較難，是嗎？

梁：其實這跟地主的整合能力及償債能力都有關。而且更新會只是為了單獨個案成立的臨時組織，成員是為了自己的利益把關，不敢share別人的責任來做連帶保證人，加上過去並沒有任何與銀行往來的信譽紀錄；相較之下，跟有資本額、有履約紀錄、與銀行長期有往來、已建立了信譽的建商是很不同的。

張：不過，也有自組更新會的模式借款成功？

梁：的確也有，但不多。因為融資時會用土地來做擔保，土地估價如果夠就可以貸，不需要保證人，如果不夠就需要連帶保證人。例如位在地段較好的仁愛路上的個案，土地價值非常高，抵押幾乎可以達到百分百的融資，就不一定需要保證人，但偏遠地段的案子就很難執行。

張：那麼，假如都更的實施者是建商，借款條件就跟一般的借款條件相同嗎？

楊：在都更中，借款人可以分成三種類型：一種是建商擔任實施者，由建商來借款；另一種是代理實施者來借款；還有就是以自組更新會形式的個人借款。一開始如果是實施者，就回歸到地主與建商簽的合約中，有沒有提到要地主拿土地來擔保？如果沒有，所有資金就要由建商來籌措，此時唯一要處理的就是地主舊有的房貸要轉貸。如果以代理實施者借款，可能就是由建築經理公司或營造公司來借款，又或是由代理實施者出面借款，但是地主本身擔任擔保物提供人，不過不做連帶保證人，若還有差額不足，就由實施者再向金融機構借款。

再來就是銀行最需要審慎考量的自組更新會，針對個人共同負擔的部分，要由個人自己借款，此時就會涉及到更新案同意人數、債信的問題。此外，也考量到未來如果因為地主個人因素影響更新進度、償還貸款等情形，建議土地信託會是比較合宜的方式。

張：你們會看事業計畫嗎？又如何審查？

梁：當然會，在送件前我們就會看事業計畫，主要是看建築成本是否合理、工程造價是否合乎我們認定的標準、未來會分配多少、一坪會賣多少錢等，並以此評估實施者分配價值是否足夠償還銀行。

張：剛才有提到土地信託，你們的想法是什麼？

梁：我們從二〇〇三年就開始承辦都市更新類型的土地信託，至今約有五十件。其實土地信託是一個保障地主、建商，讓銀行也安心的動作。以地主方來說，如果辦理了土地信託，就可以避免少數地主因為個人問題反悔或延遲而影響都更，如此建商也可以放心進行都更流程，銀行也可以預見都更順利進行，對三方都好。但是最重要的是選擇一家可信任的銀行來擔任土地信託，對地主才是真的有保障。

第九課

都更完成，新生活開始

住户甲：聽說下個月一號就要拆房子了。

住户乙：唉，不曉得拆不拆得成，如果到時候住户丁還是不離開……

住户丙：他敢不搬，我就找記者來。

住户丁：找記者誰不會，我也有認識的記者。

都更前什麼時候要搬走？都更過程如何監督實施？什麼時候才可以入住新家？要找哪些公司做哪些事呢？完工後要搬回去，還是要賣掉？

本課除了說明在都市更新的實施過程中會有的環節外，也將告訴大家在都市更新過程中可能會遇到的問題及做法，讓讀者們可以先了解當中的眉角。

01 不可不知的都更實施過程三階段

都市更新在實施前有不少前置作業要進行，實施期間及後期也有許多需要辦理的事項，就算不自力更新，建議大家還是要多方了解都更流程，如此一來，不但能夠掌握進度，在與建商或代理實施者討論時，也會更有默契。

三階段實施內容

都市更新中的實施前、中、後三階段內容如下：

實施前

都市更新實施前指的是在都市更新事業計畫核定之後，準備進入都市更新執行的階段。當計畫公告後，首先要處理的是不參與者的補償金發放通知與建築的拆遷公告通知，同時也要申請原建築物的拆除執照與新建築物的建造執照。當然，如果基地有配合到都市計畫變更、都市設計，甚至還有交通影響評估、環境影響評估，也都要在申請建築執照前完成。

實施中

此階段指的是取得建築執照之後、取得使用執照之前，主要是針對營建工程施工期間，這段因都市更新重建而使得土地無法使用，可以申請免徵地價稅。若是整建維護，那麼就可以申請地價稅減半。

實施後

都市更新實施後指的是在建築施工完成取得使用執照後，需就完成建築物進行測量，並進行建物的保全登記。待完成交屋的工作，最後就都市更新事業做一成果備查，並報告所在的縣市政府，如此一來，都市更新事業的實施即告完成。

保障權利的產權登記

有產權登記才能確保住戶的權利，而都更的產權登記又可分爲協議合建分配與權利變換分配兩種，做法也不同。

協議合建分配的產權登記

在產權登記時，如果是採協議合建，那麼就要依協議合建契約書裡所規範的分配來進行產權登記。這部分的做法與傳統土地開發裡的合建是一樣的。

權利變換分配的產權登記

住戶選擇的產權都會登載在權利變換計畫書圖裡，而在更新完成後就逕爲完成權利變換登記，這部分的登記就視爲原有。至於原有抵押權設定的部分，就會依所有權人平行移轉到新的產權上去。如果是以權利變換分配，則在建築完成取得使用執照後，需就完成建物測量面積與當時權利變換計畫上所登載的建物面積進行釐正圖冊，並通知繳納或領取差額價金，完成後才能進行權利變更登記或塗銷登記，換發新權狀書，原權狀書則公告註銷。

都更實施時可能會面臨的問題

在都市更新實施階段，除了不想參與更新的住戶會領取補償金外，還會開始拆除建物，並蓋新的建物，此時所會衍生的問題如下：

補償金領取問題

在都市更新裡，如果是不能或不願參與都市更新分配時，那麼在計畫核定公告實施後，就要領取補償金。如果有設定抵押債權或限制登記，應該要限期內與抵押權人進行協議或塗銷，實施者得就抵押債權在補償金額度內代為清償。如果超過通知領取期限，那麼補償金就會依法提存。

舉例來說，可領取補償金是依更新前土地價值計算，如果有一百萬元，但銀行抵押債權還有八十萬元未還，那麼實施者會先給銀行八十萬代為清償，剩餘二十萬才還給土地所有權人。但如果銀行抵押債權是一百三十萬，那麼實施者也只能代為清償一百萬元，不足的三十萬就是土地所有權人欠銀行的債務，必須另行協議。

建物拆遷問題

在通知拆遷日期並取得建物拆除執照後，仍住在建築物的住戶必須全部搬出且另行租屋安置，等房子蓋好了再搬回來。

這個階段，建築物可以開始拆除，但如果有人執意不搬遷，則可依都市更新條例第三十六條請求直轄市、縣市主管機關代爲拆除。

雖然最後一步是請政府拆除，實務上大家還是希望能夠順利完成更新案，所以如有執意不搬遷戶，實施者通常不會貿然拆除，仍以協議爲先。如有太多住戶反對更新案，在取得更新事業同意書時就可以預知有這種結果發生，那麼建商通常就會在提出更新案前就中止這個案子，免得做到最後仍有爭議發生。

在目前的更新案例中，也有「九成九住戶均已搬出，留下幾戶住戶不願搬離」的情形，讓已搬出的住戶在外租屋數年而無家可歸，而留下的住戶彷彿住在工地中，建商也無法施工，這樣的情形可說是三輸，值得深思。

更新執行中止問題

無論是否爲更新案，住戶們最擔心的是房子拆除後卻無法重建。可能是蓋一半或根本還沒開始蓋，實施者（建商）就因其他財務上的問題而倒閉，影響本案的執行，進而造成本案開發變成不良資產。這時，原本還可以居住的房子已經拆除，但新的房子卻不知何時才可以興建完成，甚至地下室開挖了，鋼筋裸露在外，還需要一直在外租屋，費用仍需由住戶們自行負擔。

為了解決這個問題，在都市更新中有兩個機制來確保更新案的執行，除了信託機制（見〈第二課〉與〈第八課〉）外，在都市更新條例中也有接管機制。

基本上，主管機關在平時就會檢查更新案執行的狀況，一旦更新案執行不下去的時候，主管機關就會派員監管、代管及其他必要之處理。

張教授真心教室

遇到這些情況，就不要勉強都更！

好不容易社區整合成功，大家也搬出去了，正期待三年後要回來住新屋時，卻傳出「有狀況」，而中止了都更的進度。在舊房已拆、新屋又遙遙無期的情況下，讓人不由得想說：「早知道就不都更了。」

其實，在都市更新的過程中，有幾個地雷可以供我們大家來檢視，盡可能的避免都更中止的情形發生。

❶不良的建商作為實施者

假如建商過去從未有作品（即一案建商），或是所蓋的建物與住戶有糾紛，那麼就要三思是否要與建商簽約。

❷住戶中有激進份子

如果反對都更的住戶中，有個性激進強烈者，或是覺得不公平而上訴，甚至以死威脅的「死硬派」，那麼即使政府可用公權力介入，也不一定能夠強制拆屋，只能與不願搬離的住戶進行「軟性協商」，這樣一耗就要耗掉很多年。

❸更新案的財務計畫有問題

都更的重建往往要花費龐大的費用，無論是由建商、地主自行出資（或透過信託融資），又或是由更新後新增加的房子銷售抵付，都要注意財務上是否產生缺口。一旦有財務上的缺口，那麼更新案很可能無法執行。另外，若更新後的價值低於更新前的土地價值加上重建費用，那麼在經濟效益上也是不適合更新的。

各階段與實施者協商的注意事項

都更的過程很長，爲了不讓問題接踵而來，在更新開始前，就可以多注意各項細節、防範未然，以下是住戶們需要注意的事項：

規畫階段的協商

爲了避免更新實施後引發爭議，住戶們必須在更新規畫的階段，就要與實施者談清楚下列事務：

❶實施者的角色是以「全包」的方式，還是以代理實施者的名義爲之。

❷土地是否要先抵押或交付信託？抵押額度及借款額度爲多少？借出來的錢放哪裡？

❸都市更新預計爭取的容積獎勵與未來建築規畫設計的內容（包括量體、戶數、產品配置）。

❹都市更新預計的總費用（是否包含風險管理費？各項金額最好都要列出）。

❺自己持有的土地及建築，其土地價值與建物殘值爲多少？占全部土地價值的比例爲多少？符不符合目前市場價值？（由估價師協助計算。）

❻更新之後房地預估的總價值。

❼實施者拿回去的部分是什麼？自己可以分得的部分又是什麼？如爲代理實施者，其工作項目爲何？報酬爲何？地主又要負擔什麼？分回什麼？

如果住戶們就直接談分配的部分（項目❼），而省略了前面的項目，那麼就無法得知這樣的分配是否爲「合理」的分配。爲了避免住戶與實施者之間有不清楚的地主，建議在剛開始進入協商，甚至簽定相關協議合建契約或委託代理實施契約之前，都要逐一問清楚。簡單說來，就是要了解每一個步驟所付出的成本，以及得到的分配，讓後續的流程更順利。

審查階段的協商

進入審查階段之後，表示住戶們已經同意了實施者的條件及相關規畫內容，而爲了避免協商內容與實質送件（都市更新事業計畫、權利變換計畫或協議合建契約）有所出入，以及最後審定容積獎勵與當初合約有所差別，一定要在之前協議合約裡先加注異動的同意權，一旦發現與當時協商內容有差別時，可以有所主張，並就異動的部分進行協商。

另外，如果實施者執意不願變動，造成住戶們權益受損，則可透過爭議處理來主張自身的權益。

實際執行階段的協商

到了計畫公告後，原則上就必須依計畫內容執行，包括申請建照及施工等，但經常會發現實施者會在之後做建築變更設計（如將停車道變爲公設、二次施工等）、營造廠偷工減料（如減少鋼筋磅數或少放鋼筋，灌水泥時的砂石、水、石灰的比例不對等）或壓板模的時間不夠就拆等，而造成自身權益受損，此時也要提出主張。

因更新期間有業務主管機關的監督，這時如果與實施者協商不成，還可以向主管機關主張要求派員監管、代管或爲其他必要之處理，嚴重時還可以要求強制接管。

由於一般社會大衆並非建築專業，很難辨識建築是否變更某些設計或營造廠偷工減料情形，要避免這個狀況發生，除了建築師應要有良心外，住戶如果不放心，也可找建築經理公司協助營建管理或顧問。畢竟一般人在不了解施工過程，也不容易發現其中的問題所在。

更新期間，這樣監督

都更並不是申請後就可以無限期的延長實施，而是有一定的期限及監督方式。想確保整個更新流程能夠順利進行，其監督方式如下：

規畫期間的監督

在取得事業概要核准之後，必須自獲得核准之日起一年內，擬具都市更新事業計畫報核，如果超過期限，主管機關可以撤銷更新概要的核准。但如果有不可歸責於實施者的延誤期間，是可以不計算在內的。

此外，都市更新事業計畫的報核，可以展期一次，但每次都不可以超過六個月，而且要說清楚理由。

核定後的監督

在都更事業核定公告之後，主管機關可以六個月一次檢查實施者對該事業計畫執行情形，並要求實施者提供有關都市更新事業計畫執行情形的詳細報告資料，或是視實際需要隨時檢查。

當發生下列情形時，主管機關就要限制要求實施者改善，或是勒令停止營運並限期清理。必要時可派員監管、代管或爲其他必要之處理。

❶違反或擅自變更章程、事業計畫或權利變換計畫。

❷業務廢弛。

❸事業及財務有嚴重缺失。

如果主管機關要求實施限期改善時，需以書面方式通知缺失的具體事實、改善缺失的期限、改善後應達到標準、逾期不改善的處理。如果實施者無正當理由拒絕、妨礙或規避檢查，可以處新台幣六萬元以上，三十萬元以下罰鍰，並得按次處罰。

狀況發生的接管處理

一旦發生狀況，如果實施者不遵從命令，那麼主管機關可以撤銷更新核准，並強制接管。主管機關得指派機關（構）或人員，爲監管人或代管人，負責執行監管或代管任務。實施者受主管機關之監管或代管處分，對監管人或代管人所爲之有關問題，有據實答覆的義務。因監管或代管所發生之費用，需由實施者負擔。

無論是監管或代管，其目的在於使都市更新事業能順利運作，因此一旦有具體改善，則可以報請終止監管或接管。

都市更新會的監督

更新會成立後，需每季向主管機關申報事業計畫、權利變換計畫及預算執行情形。會計的處理要用商業會計法的規定，設置會計憑證、會計簿籍。每一會計年度終了後三個月內編製資產負債表、收支明細表等，先經監事查核通過，報請會員大會承認後送請主管機關備查。

張教授真心教室

住戶監督、協商的法則

無論哪一個行業，專業人士最怕外行人來攪局。

都更中的各個環節，更是專業中的專業。雖然住戶們不一定具有專業的都更背景，但這並不表示住戶就不能對建商或營造業者進行監督及協商。只是，為了避免「雞同鴨講」的情況，住戶在監督、協商時，也要有一套有效的運作模式，我稱之為「住戶監督、協商的法則」，需特別留意。

❶避免一盤散沙的情況發生

住戶是都更成功與否的第一關鍵，在許多失敗或延宕更新的案例中，經常可見住戶消極行事不願參與，不然就是各自組成小團體，相互扯對方後腿等……就像是一盤散沙，當然更無法做有效的監督及協商。

❷借助專業人士的力量進行協商

在都更協商過程中，由於經常使用到都更的專業用語與法令，使得一般住戶難以全盤掌握整體流程，只知道不能夠讓自己的權益受損。此時，若能借助專業人士的力量，透過「專業對話」，省去空轉及無法對焦的窘境，為自己爭取權益，將有利於協商的進行。

❸請求政府認證或支援

住戶在與建商協調時，經常私底下交換條件，而有時建商為了爭取住戶同意，往往都只在口頭上承諾而已，沒有白紙黑字的寫下來，讓住戶有種受騙的感覺，並產生糾紛。建議在協調的過程中，最好能在政府或第三人公證監督之下進行（可借助地方協調委員會、公證人等制度），以確保協商結果能夠確實執行。

另外，有些機構表面上是非營利機構，實際卻在進行謀取暴利之事，也是我覺得很遺憾的地方。因此，我十分期待有一個公民公益、完全非營利的協商平台，可以真正的讓大家的疑問得到解決。但在這個平台尚未出現之前，最重要的是在監督或協商的過程中，能夠以解決問題為前提，且協商的過程不必非得爭到百分之百，所謂「相忍為大局」，畢竟之前已經投入那麼多時間和精力，如果為了一點小事情就鬧翻了，讓都更原地踏步，才真的是划不來。

更新後的房子該如何安排？

房子蓋好了，接下來到底要自住，還是乾脆賣掉呢？

如果無法下決定，可以從以下幾個不同的面向進行考量，接著再做後續安排。

未來面思考：要自住還是賣掉？

在房子尚未蓋好之前，必須先思考未來該怎麼做，讓心裡先有個底。

思考時，首先要考慮的是都更後的房子是否要拿來自住，如果既不打算自住，也不準備出租或供其他親朋好友住，那麼就可以考慮賣掉。如果分回的房子多於一棟，也可以先思考這個問題。還有，原本計畫要搬回新房，但房子蓋好之後才發現不如預期，或是對於抽籤決定的房子不滿意，也可以考慮賣掉。

成本面思考：貸款是否會加重？未來居住成本是否會增加？

貸款是否會加重？

並不是每一間更新後的房子，都可以不必花錢。

由於換來的新房子，可能需要支付部分更新實施的費用，或是因爲分得較大坪數而需要支付差額價金。此時，更新實施的費用如果透過抵押貸款，再加上舊貸款（如果有的話），未來每個月的房屋貸款是否能夠負擔，也是自住或賣屋所需要考量的地方（建議房貸與所得比不要超過三分之一）。此外，搬進新房子之前還要裝潢與搬家，這些都可說是一筆不小的花費。

未來居住成本是否會增加？

新的房子因爲多了電梯與保全管理，相對於以往的舊公寓，每個月所要支出的管理費與公共水電也會增加。由於是新蓋的房子，總坪數也增加了，因此每年的房屋稅也會比以往來得多。還有，雖然土地持分會減少，但新房子的公告現值及公告地價會往上調，地價稅也會跟著增加。值得注意的是，更新後前兩年的地價稅及房屋稅會減半課徵。

收入面思考：換屋是否需要支付差價？

如果都更後的房子品質不如預期，價格又高，但郊區的房子品質不差，價格卻很合理，那麼就可以考慮把房子賣掉，換個地方住。此時，需要注意的是區位的選擇、坪數面積、社區鄰里環境等是否爲自己所要的。還有，購置新屋的成本是否大於賣掉的價金，必須注意額外支付換屋的價差等。

風險面思考：買賣期間是否有時間成本？

如果決定要換屋，要考慮買賣期間是否會有時間成本的風險——即先買了房子，但要賣的房子一直賣不掉；或是房子很快脫手，但遲遲找不到滿意的新屋。這段時間拖得越長，對於有較多貸款的住戶來說，風險也相對變高。

如何銷售都更後的房子？

住戶可以自行銷售更新分配後的房子，或是委由實施者代爲銷售，一般都是實施者自行銷售或委由專業代銷公司一起銷售。

張教授真心教室

情感上的價值，無價！

有時候，雖然在計算過成本面與收入面後，會發現將房子賣掉比較好，但很多人還是選擇不賣，原因就在於情感上的價值。

情感上的價值，指的是鄰里之間的情感——或許是大家原本就有社區意識，或許是因為一起經歷都更而產生的革命情感，即使都更後的房子不如原本想像的那麼好，這種無法衡量的情感價值，仍然會讓大家願意搬回來住。

這也是我認為都市更新後應該要有的價值。近來，不少都更案例由於房價變高的關係，再加上昂貴的管理費，使得原本的住戶無力負擔而選擇賣屋，導致都更成功，但社區裡的居民卻已經不是原來的住戶了。因此，我十分希望能夠找到方法，讓原本社區住戶與住戶間的「情感價值」，能夠因為都更繼續延續下去，而不是只關注在賺不賺錢與房子產品定位、市場行銷上這些「看得到的價值」上。

結束都更工作，三件事值得注意

新建物完成後，都市更新也就完成了嗎？

按照都市更新的流程，需要將「結果」以書圖的方式，送交當地主管機關，才算大功告成。

都市更新事業成果備查

在都市更新事業計畫完成後六個月內，需要檢具「竣工書圖」及「更新成果報告」，給當地主管機關備查，才算完成都市更新工作。

竣工書圖

❶重建區段內建築物竣工平面、立面書圖及照片。

❷整建或維護區段內建築物改建、修建、維護，或是充實設備之竣工平面、立面書圖及照片。

❸公共設施興修或改善之竣工書圖及照片。

都市更新事業成果報告

❶更新前後公共設施興修或改善成果差異分析報告。

❷更新前後建築物重建、整建或維護成果差異分析報告。

❸原住戶拆遷安置成果報告。

❹權利變換有關分配結果清冊。

❺財務結算成果報告。

❻後續管理維護之計畫。

都市更新會解散清算

都市更新會可能因為概要完成核准後未能於限期內送都市更新事業計畫，或是因業務廢弛、章程規定解散事由、更新事業完成成果備查，均可解散。建議如果社區尚未確認由誰擔任實施者，卻又要辦理更新，可以在章程規定解散事由中，加入會員大會同意委託都市更新機構，當然都市更新的同意書也要重新簽定。

解散後的更新會應該要清算，並於清算完結後，把清算期間收支表、剩餘財產分配表及各項簿籍及報告，報請主管機關備查。

重新組織社區管理委員會

在都市更新會解散後，需要重新組織社區管理委員會。只要比照一般公寓大廈成立社區管理委員會的方式，在取得使用執照之後，備妥文件就可以向主管機關申請，同時也可以申請公共基金（詳情請至各縣市政府建管單位查詢）。

張教授與都更之母對談

對談者：都市更新基金會　何芳子顧問
（前台北市都市發展局主任祕書）
主題1：從政府到民間，對於都市更新的感想
主題2：日本都市更新大不同

張：過去妳是都發局主祕，也主持過許多的都更案，現在從公務員退休，成為都市更新基金會的顧問，對於都市更新最大的感想是什麼？

何：以前沒有獨立法源，完全按照台北市的行政規定來運作，都更可以用區段徵收來進行，可是做了第一個案子就碰壁，因為當時經濟成長得很快，地主跟建商合建的風氣很盛行，大家都不想按照政府的方式來更新，覺得很麻煩。後來，政府發現原本的方式行不通，於是便改變策略，並訂定獎勵方式（即都市更新容積獎勵方案），鼓勵民間來更新。

目前，政府對於都市更新採取「權利變換」的估算方式，並祭出減免增值稅的好處，也吸引了地主的目光。只是，權利變換對地主來說很複雜，再加上我發現這十年來地主的觀念仍停留在「合建」階段，即透過協議合建的方式跟建商談。

張：那麼，妳認為有什麼較好的方式嗎？

何：雖然中央或地方想要鼓勵地主自力更新，但在地主沒有共識與專業的情況下，可說是相當困難的。目前有一些「代位」的方式（即代理實際者），我參加了幾次公聽會，十分鼓勵可以朝向這個方式來進行。不過，我目前看到了幾個問題，像是財務方面，兩者最大的差異就是沒有補償，如租屋問題要住戶自己解決等；還有利潤的部分也沒有列，只有營建管理必要開支、風險管理費。假如建物補償的費用要占較大比例，不宜列入共同負擔，則地主分回比例可拉高，像我之前參與的案子就是三七分。

張：地主七嗎？

何：沒錯。另外，有些地主有錢會想要換多一點坪數，這就有一點共同投資的性質。我覺得在合理的機制下，可以滿足不同需求地主的需要，這樣多樣性的方式（指代理實施者），是值得鼓勵的。當然，即使是代位，要拿的也是分回的坪數，這就回歸到最基本的「更新後價值的評定」。假如是以協議的方式，就不一定要委託估價師，而是靠自己的經驗及Know-how來操作，如果實施者有誠意，通常會比較多人同意，如此一來，權利人也比較單純，戶數也不會太多。

張：是的，像我的木柵舊房子，就是找代理實施者。

何：哪像日本，有百分之六、七十都是住戶自組更新會。不同的是，他們可以讓投資者以「更新會員」的身分進更新會，重點是會帶錢進來，而且還會買「保留戶」。大家參與的方式是權利分配，最後會有一個結算的機制。萬一到時房地產下跌，大家可能還要再分攤；如果遇到房地產上漲，還可以分回更多錢。但台灣就不同，台灣的制度會變成賠錢就只好認了。

張：所以，應該要用股東的方式來進行，最後大家再來清算。

何：因為運作的機制不同，日本的投資者是跟住戶一樣的，大家一起把餅做大，人人都可以分得。而台灣的投資者（建商）跟住戶是對立的，只有一塊餅，建商分得多，住戶就分得少，最後只會造成爭餅、不信任的結果。

張：我們等於是「事前結清」，萬一有風險就是實施者承擔，所以實施者不得不想辦法讓「風險降低」。不過，台灣人普遍不願意等到房子蓋好後才來分配，還是習慣一開始就要知道「能夠分多少」。

何：沒錯。但如果是從合建的方式來看，到底誰有拿暗盤？拿多少？很難公開。

張：是的，所以從妳的角度，要給地主什麼建議？

何：地主要盡量參與，要了解，要拿到所有的資訊，要合理的去爭，而不是一味的只是要爭多少。另外，實施者也很重要。現在有不少建商都是「一案公司」，資本額只有一百萬，卻要操作四、五十億的都更案，還有代書掛名跳出來當實施者等，地主一定要注意。

以前，大家不懂得信託，現在比較有概念，信託是保護雙方的方式，可確保金錢不被亂挪用，是合理的、健康的方向。

張：妳覺得要找實施者（建商）好，還是自組更新會好，又或是找代理實施者好？

何：如果經濟狀況不好，那就只能找實施者。很多願意找代理實施者的住戶，是因為不必擔心在都更過程中「住」的問題。

張：妳對建商有什麼建議？

何：做都市更新，只要得到合理的利潤就可以了，不必非要有暴利不可。

附錄

1 都市更新相關法令及機構

都市更新法令查詢

・內政部營建署都市更新網：

http://twur.cpami.gov.tw/public/pu-index.aspx

・內政部營建署法規查詢：

http://www.cpami.gov.tw/chinese/index.php?option=com_rgsys&view=rgsys&Itemid=201

・台北市都市更新處法規資訊：

http://www.uro.taipei.gov.tw/np.asp?ctNode=12838&mp=118011

都市更新條例及相關子法

名稱	發布日期	最近修正日期
都市更新條例	1998.11.11	2010.05.12
都市更新條例施行細則	1999.02.21	2010.05.03
都市更新權利變換實施辦法	1999.03.31	2008.08.25
都市更新建築容積獎勵辦法	1999.03.31	2010.02.25
都市更新團體設立管理及解散辦法	1999.03.31	2008.09.12
都市更新事業接管辦法	1999.03.31	1999.03.31
都市更新投資信託公司設置監督及管理辦法	1999.05.14	2006.01.24
都市更新投資信託基金募集運用及管理辦法	1999.05.14	1999.05.14
中央都市更新基金收支保管及運用辦法	2008.12.26	2008.12.26
中央都市更新基金補助辦理自行實施更新辦法	2011.08.10	2011.08.10

辦理機構

依都市更新條例第十七條規定，各級主管機關應設專業人員辦理都市更新業務，此一機構都是屬於行政業務性質，其主要工作都是在推動都市更新，各地方政府亦為更新事業申請案的主管機關。

・內政部營建署都市更新組

網址：http://www.cpami.gov.tw/chinese/index.php?option=com_categorytable&view=categorytable&categoryid=38&Itemid=50

地址：台北市松山區八德路二段三四二號

電話：02-8771-2903

・台北市政府都市發展局都市更新處

網址：http://www.uro.taipei.gov.tw/MP_118011.html

地址：台北市中正區羅斯福路一段八號九樓（中正區行政中心南門大樓九樓）

電話：02-2321-5696

・新北市政府城鄉發展局都市更新處

網址：http://www.planning.ntpc.gov.tw/_file/1691/SG/21687/45576.html

地址：新北市板橋區中山路一段一六一號十一樓

電話：02-2960-3456

・台中市政府都市發展局都市更新工程科

網址：http://www.ud.taichung.gov.tw/doud_index.aspx
地址：台中市西區民權路九十九號
電話：04-2228-9111

・台南市政府都市發展局都市更新科

網址：http://bud.tncg.gov.tw/bud99/doc/main.aspx

1永華市政中心

地址：台南市安平區永華路二段六號九樓
電話：06-299-1111轉8390

2民治市政中心

地址：台南市新營區民治路三十六號（世紀大樓六樓）
電話：06-632-2231

・高雄市政府都市發展局住宅發展處

網址：http://urbanrenew.kcg.gov.tw/
地址：80203高雄市苓雅區四維三路二號六樓
電話：07-336-8333 轉2670

・基隆市政府都市發展處都市設計科

網址：http://www.klcg.gov.tw/urban/
地址：基隆市義一路一號
電話：02-2420-1122 轉1805～1808

・桃園縣政府城鄉發展局都市更新科

網址：http://www.tycg.gov.tw/site/site_index.aspx?site_id=042&site_content_sn=14421

地址：桃園市縣府路一號二樓
電話：03-332-2101轉5710～5713

・新竹縣政府國際產業發展處都市更新科

網址：http://web.hsinchu.gov.tw/IEDD/index.jsp
地址：新竹縣竹北市光明六路十號
電話：03-551-8101轉2510～2522

・苗栗縣政府工商發展處都市計畫科

網址：http://www.miaoli.gov.tw/economic_development/index.php?forewordTypeID=0
地址：苗栗市府前路一號
電話：03-735-9711、03-732-7220

・彰化縣政府建設處城鄉計畫科

網址：http://www.chcg.gov.tw/economic/00home/index.asp
地址：彰化市中山路二段四一六號一樓
電話：04-722-2151轉0361～0367

・南投縣建設處都市計畫科

網址：http://www.nantou.gov.tw/big5/index.asp?catetype=01&dptid=376480000AU180000
地址：南投市中興路六六〇號
電話：04-9222-2724 轉359～360

・雲林縣政府城鄉發展處都市計畫科

網址：http://www4.yunlin.gov.tw/development/index.jsp
地址：雲林縣斗六市雲林路二段五一五號

電話：05-552-2776

・**嘉義市政府工務處都市計畫科**

網址：http://www.chiayi.gov.tw/web/work/index.asp

地址：嘉義市中山路一九九號

電話：05-225-4321轉232～233

・**嘉義縣政府經濟發展處城鄉規畫科**

網址：http://www1.cyhg.gov.tw/urban/chinese/index.aspx

地址：嘉義縣太保市祥和一路東段一號

電話：05-362-0123轉156

・**屏東縣政府城鄉發展處都市計畫及住宅科**

網址：http://www.pthg.gov.tw/planeab/Index.aspx

地址：屏東市自由路五二七號

電話：08-732-0415轉3320～3322、3330～3336

・**宜蘭縣政府建設處城鄉計畫科**

網址：http://up.e-land.gov.tw/index.aspx

地址：宜蘭市縣政北路一號

電話：03-925-1000轉1341～1344

・**花蓮縣政府建設處都市計畫科**

網址：http://pw.hl.gov.tw/default.asp

地址：花蓮市府前路十七號

電話：03-822-4854、03-824-2688

・台東縣政府建設處都市計畫科

網址：http://www.taitung.gov.tw/Publicwork/index.aspx

地址：台東市中山路二七六號

電話：08-934-6850轉336

2張金鶚教授都市更新經歷

1中原大學建築系畢業設計／台北市大橋段都市更新規畫設計（一九七六年）
2美國麻省理工學院碩士論文／台北市柳鄉都市更新實驗計畫（一九八〇年）
3東海大學建築研究所任教／台中市柳川都市更新實習課程（一九八一年）
4政治大學地政系任教／都市更新委託研究案（一九八九年～二〇〇〇年）
1台北市環河北路昌吉街東北側地區更新研究計畫（一九九〇年）
2台北市都市更新獎勵措施與制度之研究（一九九一年）
3都市更新條例施行細則草案之研究（一九九五年）
4台北市整建維護更新策略法令制度及執行技術之研究（一九九六年）
5台北市重大公共工程拆遷安置戶之研究（一九九八年）
6引進民間資源參與住宅事務機制之研究（二〇〇〇年）
5台北市政府都市更新審議委員會委員（一九九四年～一九九七年、二〇〇七年～二〇一〇年）
6台北縣政府都市更新審議委員會委員（二〇〇〇年～二〇〇四年）
7高雄市政府都市更新審議委員會委員（二〇〇〇年～二〇〇四年）
8內政部都市計畫委員會委員（二〇〇七年～二〇一〇年）
9台北市木柵第一屋進行更新籌備工作（二〇一一年）

http://www.booklife.com.tw inquiries@mail.eurasian.com.tw

生涯智庫 112

張金鶚的都市更新九堂課

作　　者／張金鶚
文字整理／廖翊君・周佳音
資料整理／周佳音
發 行 人／簡志忠
出 版 者／方智出版社股份有限公司
地　　址／台北市南京東路四段50號6樓之1
電　　話／（02）2579-6600・2579-8800・2570-3939
傳　　真／（02）2579-0338・2577-3220・2570-3636
郵撥帳號／13633081　方智出版社股份有限公司
總 編 輯／陳秋月
資深主編／賴良珠
專案企畫／賴真真
責任編輯／張瑋珍
美術編輯／劉嘉慧
行銷企畫／吳幸芳・涂姿宇
印務統籌／林永潔
監　　印／高榮祥
校　　對／柳怡如
排　　版／杜易蓉
經 銷 商／叩應股份有限公司
法律顧問／圓神出版事業機構法律顧問　蕭雄淋律師
印　　刷／祥峰印刷廠
2011年12月　初版

定價 340元　ISBN 978-986-175-249-5

你本來就應該得到生命所必須給你的一切美好！

祕密，就是過去、現在和未來的一切解答。

——《The Secret 祕密》

國家圖書館出版品預行編目資料

張金鶚的都市更新九堂課 / 張金鶚 著. -- 初版.
-- 臺北市：方智，2011.12
384面；14.8×20.8公分 --（生涯智庫；112）

ISBN：978-986-175-249-5（平裝）
1. 都市更新

445.1 100020861